劳动预备制教材
职业培训教材

初级钢筋工

中国劳动社会保障出版社

图书在版编目(CIP)数据

初级钢筋工/李群主编. —北京：中国劳动社会保障出版社，2011
劳动预备制教材　职业培训教材
ISBN 978-7-5045-9118-0

Ⅰ.①初…　Ⅱ.①李…　Ⅲ.①配筋工程-工程施工-技术培训-教材　Ⅳ.①TU755.3

中国版本图书馆CIP数据核字(2011)第157316号

中国劳动社会保障出版社出版发行
(北京市惠新东街1号　邮政编码：100029)
出版人：张梦欣
*
新华书店经销
北京地质印刷厂印刷　三河市华东印刷装订厂装订
787毫米×1092毫米　16开本　8.25印张　194千字
2011年8月第1版　2011年8月第1次印刷
定价：15.00元
读者服务部电话：010-64929211/64921644/84643933
发行部电话：010-64961894
出版社网址：http://www.class.com.cn

如有印装差错，请与本社联系调换：010-80497374

前　言

《中华人民共和国就业促进法》规定："国家采取措施建立健全劳动预备制度，县级以上地方人民政府对有就业要求的初高中毕业生实行一定期限的职业教育和培训，使其取得相应的职业资格或者掌握一定的职业技能。"

为进一步加强劳动预备制培训教材建设，满足各地实施劳动预备制对教材的需求，我们会同中国劳动社会保障出版社，组织有关人员对2000年出版的机械加工、电工、计算机、汽车、烹饪、饭店服务、商业、服装、建筑等类劳动预备制培训的专业课教材进行修订改版，并新编了美容美发、保健护理、物流、数控加工、会计、家政服务等类专业课教材。

在组织修订、编写教材时，考虑到接受培训人员的实际水平，为了使学员在较短时间内掌握从业必备的基本知识和操作技能，我们力求做到学习的理论知识为掌握操作技能服务，操作技能实践课题与生产实际紧密结合，内容深入浅出、图文并茂，增强教材的实用性和可读性。同时，注意在教材中反映新知识、新技术、新工艺和新方法，努力提高教材的先进性。

为了在规定的期限内更好地完成劳动预备制培训，各专业按照公共课+专业课的模式进行教学。公共课分为必修课和选修课，教材为《法律常识》《职业道德》《就业指导》《计算机应用》《劳动保护知识》《应用数学》《实用写作》《英语日常用语》《实用物理》《交际礼仪》。专业课教材分为专业基础知识教材和专业技术（理论和实训一体化）教材。

在这批教材的修订、编写过程中，编审人员克服各种困难，较好地完成了任务。在此，谨向付出辛勤劳动的编审人员表示衷心感谢。

由于编写时间有限，教材中可能有一些不足之处，我们将在教材使用过程中听取各方面的意见，适时进行修改，使其趋于完善。

人力资源和社会保障部教材办公室

简　介

本书是劳动预备制建筑类专业课教材，主要内容包括职业介绍、钢筋工程材料、配筋的构造要求，以及钢筋加工过程。

本书以钢筋工国家职业标准初级要求和工程的实际用工要求为依据组织教材的结构和内容，并做适当拓展和延伸。首先对钢筋工进行了职业介绍，使学员在学习相关技能前对要从事的职业有一个基本了解。然后根据工作任务需要补充相应的钢筋图的识读以及钢筋在混凝土中的作用及结构要求等基础理论知识，使学员对钢筋工的具体工作形成一个完整认识。最后对钢筋加工过程的具体内容逐一介绍。本书结合大量工程实例对各知识点、技能点进行讲解，强调对操作技能的培养。

本书语言通俗易懂，内容的实用性、可操作性强。各模块后附有练习与实训，以利于学员复习与自测。本书作为劳动预备制建筑类专业培训教材，也可供钢筋工从业人员参考。

本书由李群主编，陈英、高翔、石希峰参编。

目　录

第一单元 职业介绍

一、职业工作内容及身体素质要求

钢筋工是指使用工具及机械，对钢筋进行除锈、调直、连接、切断、成形，以及安装钢筋骨架的人员。该职业要求从业者手指、手臂灵活，具有较好的身体素质。

二、初级钢筋工国家职业标准工作要求

初级钢筋工国家职业标准工作要求见表1—1。

表1—1　初级钢筋工国家职业标准工作要求

职业功能	工作内容	技能要求	相关知识
1．施工准备	（1）识图	1）能识别施工图中各种符号、图例、线型 2）能读懂矩形简支梁，单、双向板，以及构造柱等结构构件的钢筋混凝土施工图 3）能识别构件中各钢筋所起的作用	1）制图基本知识 2）建筑力学、钢筋混凝土结构的一般理论知识
	（2）钢筋准备	1）能正确识别所用钢筋的种类、规格，检查其是否与钢筋标牌一致 2）能正确运输、装卸、堆放现场钢筋	1）常用度量工具的知识 2）钢筋验收的方法、程序
	（3）准备机具和辅料	能正确选用钢筋加工机具和辅料	辅料的用途
2．加工	加工钢筋	1）能看懂配料单 2）能进行钢筋除锈、调直、连接、切断和成形的操作	1）钢筋加工操作的一般程序 2）钢筋的连接技术和冷加工的技术质量标准 3）安全生产操作规程
3．安装	绑扎钢筋	1）能按钢筋混凝土施工图绑扎钢筋骨架和钢筋网片 2）能按规定设置垫块 3）能修复钢筋在混凝土浇捣过程中的一般缺陷 4）能正确搬运较大的钢筋骨架	1）钢筋的绑扎方法 2）矩形简支梁，单、双向板，以及构造柱等的操作程序和要求 3）混凝土浇捣过程中易出现的缺陷及处理方法 4）大钢筋骨架搬运就位

续表

职业功能	工作内容	技能要求	相关知识
4. 检查整理	(1) 质量自检	能够根据施工图及规范要求，进行质量检查和整改	1) 建筑工程施工质量验收统一标准 2) 混凝土工程质量验收规范
	(2) 现场整理	1) 能对材料和机具进行清理、归类、存放 2) 能将废弃物清扫处理	1) 文明施工常识 2) 环境保护知识

三、工作环境及行业特点

一座座高楼大厦、一间间房子、一条条平坦的道路，都是各个建筑工种工人完美作业的产物，当然这其中就包括钢筋工，他们完成的工作就好像这些产物的骨骼。钢筋工的工作环境大部分是露天场所，最炎热的夏天、最寒冷的冬天都可以看到他们工作的身影。

《中华人民共和国安全生产法》第十九条要求“矿山、建筑施工单位和危险物品的生产、经营、储存单位，应当设置安全生产管理机构或者配备专职安全生产管理人员。”建筑施工单位所管理的施工现场是高风险环境。

建筑施工行业的主要特点：

1. 产品形式多样

建筑产品要适应各行各业的需要，在结构、外形等差异很大时，建筑施工单位所采用的施工方法也将有较大的差别。

2. 产品位置固定

生产活动都是围绕着建筑物、构筑物来进行的，这就造成了在有限的场地上集中了大量的工人、建筑材料、设备和施工机具进行作业，而且各种机械设备、施工人员都要随着施工的进展而不停地流动，作业条件时刻变换，不安全因素较多。

3. 建筑结构复杂

建筑施工必须由多工种、多单位相互交叉配合施工，施工组织设计方案复杂。

4. 工期长

施工人员在露天作业，受季节性自然条件的影响大，因而工期长。

四、职业守则

1. 苦练硬功，扎实工作

刻苦钻研技术，熟练掌握本工种的基本技能，努力学习和运用先进的施工方法，练就过硬本领，立志岗位成才。热爱本职工作，不怕苦，不怕累，认认真真，精心操作。

2. 责任心强

建筑质量与建筑劳动者的技术、责任心密切相关，从事建筑工作的劳动者除了要具备精湛的技术，还应有高度的责任感和精益求精的工作态度。

3. 团队意识

建筑行业是劳动密集型行业，大到工程整体，小到一个施工构件和工序，都必须依靠整个施工团队的统一管理、协调与密切配合，才能得以实施和完善。这就要求施工团队的每个成员必须具备顾全大局、服从管理、配合整体的团队精神。

4. 精心施工，确保质量

严格按照设计图样和技术规范操作，坚持自检、互检、交接检制度，确保工程质量。

5. 安全生产，文明施工

树立安全生产意识，严格执行安全操作规程，杜绝一切违章作业现象。维护施工现场整洁，不乱倒垃圾，做到工完场清。

6. 遵章守纪，礼貌待人

遵守各项规章制度，严格要求自己，做到礼貌待人，注意仪表举止，用语文明，不说粗话。不断提高文化素质和道德修养，遵守各项规章制度，发扬劳动者的主人翁精神，维护国家利益和集体荣誉，服从上级领导和有关部门的管理，争做文明职工。

第二单元　钢筋工程材料

模块一　钢筋的分类

知识技能要求

1. 熟悉钢筋的各种分类。
2. 掌握按生产工艺分类的钢筋的常用牌号、含义及力学性能。

一、按钢筋在构件中的作用分类

钢筋按其在构件中的作用可分为受力钢筋和构造钢筋。

1. 受力钢筋

受力钢筋是指在外荷载作用下，通过计算得出的构件所需配置的钢筋，它包括受拉钢筋、受压钢筋、弯起钢筋等。

2. 构造钢筋

构造钢筋是指因构件的构造要求和施工安装需要而配置的钢筋，它包括架立钢筋、分布钢筋、箍筋、腰筋及拉筋等。

二、按钢筋的外形分类

1. 光圆钢筋

光圆钢筋是指表面光滑而截面为圆形的钢筋，如图 2—1 所示。

2. 带肋钢筋

带肋钢筋是指在钢筋表面轧制有一定纹路的钢筋，又可分为月牙肋钢筋和等高肋钢筋等。如图 2—2 所示为月牙肋钢筋。

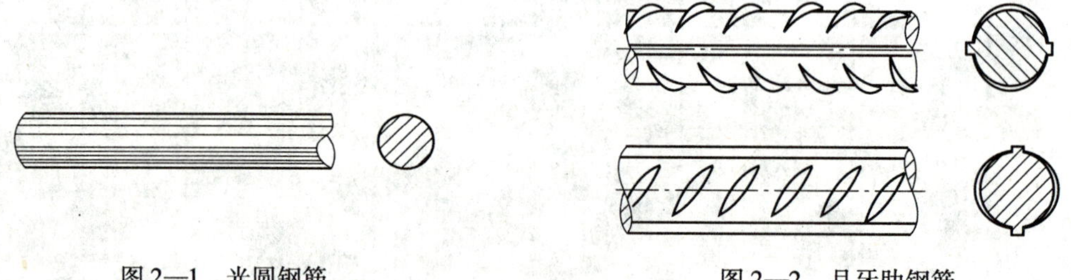

图 2—1　光圆钢筋　　　图 2—2　月牙肋钢筋

3. 钢丝

钢丝是指直径在 5 mm 以下的钢筋，如图 2—3 所示为预应力钢丝。

4. 钢绞线

钢绞线是指由多根钢丝绞绕而成的钢丝束。

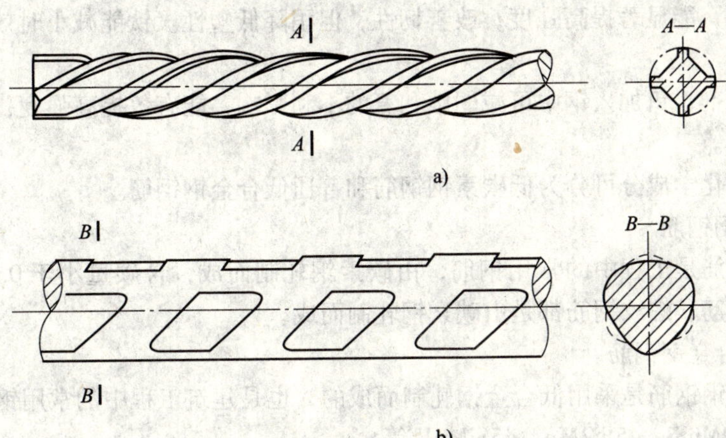

图 2—3　预应力钢丝
a）螺旋肋钢丝　b）刻痕钢丝

三、按钢筋的化学成分分类

钢筋中除了主要化学成分铁（Fe）以外，还含有少量的碳（C）、硅（Si）、锰（Mn）、磷（P）、硫（S）、氧（O）、氮（N）、钛（Ti）等元素，这些元素含量很少，但对钢筋性能影响很大。

碳是决定钢筋性能的最重要元素，它对钢材力学性能的影响很大。试验表明，当钢中含碳量在 0.8% 以下时，随着含碳量增加，钢的强度和硬度提高，塑性和韧性下降。对于含碳量大于 0.3% 的钢，其焊接性能会显著下降。一般工程用碳素钢为低碳钢，即含碳量小于 0.25%，工程用低合金钢含碳量小于 0.52%。

硅在钢中是有益元素，炼钢时起脱氧作用。硅是我国钢筋用钢的主加合金元素，它的作用主要是提高钢的机械强度。通常碳素钢中含硅量小于 0.3%，低合金钢中含硅量小于 1.8%。

锰在钢中是有益元素，炼钢时起脱氧去硫作用，可消减硫所引起的热脆性，使钢材的热加工性质改善，同时能提高钢材的强度和硬度。当含锰量小于 1.0% 时，对钢的塑性和韧性影响不大。锰是我国低合金钢的主加元素，含量一般在 1% ~2%，它的主要作用是改善钢内部结构、提高强度。当含锰量达 11% ~14% 时，称为高锰钢，具有较高的耐磨性。

磷是钢中的有害元素之一。含磷量增加，钢材的强度和硬度提高，塑性和韧性显著下降。特别是温度越低，对塑性和韧性影响越大，从而显著加大钢材冷脆性。磷也使钢材的可焊性显著降低。但磷可提高钢的耐磨性和耐蚀性，故在低合金钢中可配合其他元素（如铜）作合金元素使用。建筑用钢一般要求含磷量小于 0.045%。

硫是有害元素，能够降低钢材的各种力学性能。硫使钢的可焊性、冲击韧性、抗疲劳性和抗腐蚀性等均降低。建筑用钢要求含硫量小于 0.045%。

氧是有害元素，能够降低钢材的力学性能，特别是韧性。氧有促进时效倾向的作用。氧化物所造成的熔点低也使钢的可焊性变差。通常要求钢中含氧量小于 0.045%。

氮对钢材性质的影响与碳、磷相似，使钢材强度提高，使塑性特别是韧性显著下降，可加剧钢材的时效敏感性和冷脆性，降低可焊性。通常要求钢中含氮量小于 0.008%。

钛是脱氧剂，能显著提高强度，改善韧性，但稍降低塑性。钛能减小时效倾向，改善可焊性。

钒是弱脱氧剂，钒加入钢中可减弱碳和氮的不利影响，能有效提高强度，减小时效敏感性，改善可焊性。

钢筋按照其化学成分可分为低碳素钢钢筋和普通低合金钢钢筋。

1. 低碳素钢钢筋

低碳素钢钢筋是工程中的常用钢筋，由碳素钢轧制而成，含碳量小于 0.25%。如建筑工程上用的圆钢筋、螺纹钢筋都是由碳素钢轧制而成。

2. 普通低合金钢钢筋

普通低合金钢钢筋是采用低合金钢轧制而成的，也是建筑工程中的常用钢筋。常用的普通低合金钢有 20MnSi、45Si2Mn、45SiMnV 等。

四、按钢筋的生产工艺分类

1. 普通热轧钢筋

普通热轧钢筋是经热轧成形并自然冷却的成品钢筋，这类钢筋主要用作钢筋混凝土结构中的钢筋和预应力混凝土结构中的非预应力钢筋。

热轧钢筋的出厂产品有圆盘钢筋和直条钢筋两种。圆盘钢筋（又称盘条）以圆盘形式供给，直径通常小于 12 mm，每盘即一条。直条钢筋通常直径不小于 12 mm，长度一般在 6 ~ 12 m 之间。

热轧钢筋按外形分为热轧光圆钢筋和热轧带肋钢筋。

（1）根据《钢筋混凝土用钢　第 1 部分：热轧光圆钢筋》（GB 1499.1—2008）的规定，热轧光圆钢筋常用的牌号及力学性能见表 2—1 和表 2—2。

表 2—1　　热轧光圆钢筋常用的牌号

产品名称	牌号	牌号构成	英文字母含义
热轧光圆钢筋	HPB235	HPB + 屈服强度特征值	HPB—热轧光圆钢筋的英文缩写 H—热轧 P—光圆 B—钢筋
	HPB300		

表 2—2　　热轧光圆钢筋的力学性能

牌号	屈服强度 R_{eL}（MPa）	抗拉强度 R_m（MPa）	断后伸长率 A（%）	最大力总伸长率 A_{gt}（%）	执行标准
HPB235	≥235	≥370	≥25.0	≥10.0	GB 1499.1—2008
HPB300	≥300	≥420			

（2）根据《钢筋混凝土用钢　第 2 部分：热轧带肋钢筋》（GB 1499.2—2007）的规定，热轧带肋钢筋常用的牌号及力学性能见表 2—3 和表 2—4。

表 2—3　　热轧带肋钢筋常用的牌号

类别	牌号	牌号构成	英文字母含义
普通热轧带肋钢筋	HRB335	HRB + 屈服强度特征值	HRB—普通热轧带肋钢筋的英文缩写 H—热轧 R—带肋 B—钢筋
	HRB400		
	HRB500		
细晶粒热轧带肋钢筋	HRBF335	HRBF + 屈服强度特征值	HRBF—细晶粒热轧带肋钢筋的英文缩写 F—细晶粒
	HRBF400		
	HRBF500		

表 2—4　　热轧带肋钢筋的力学性能

牌号（牌号标志）	公称直径（mm）	屈服强度 R_{eL}（MPa）	抗拉强度 R_m（MPa）	断后伸长率 A（%）	最大力总伸长率 A_{gt}（%）	执行标准
HRB335（3） HRBF335（C3）	6～25 28～40 >40～50	≥335	≥455	≥17	≥7.5	GB 1499.2—2007
HRB400（4） HRBF400（C4）	6～25 28～40 >40～50	≥400	≥540	≥16		
HRB500（5） HRBF500（C5）	6～25 28～40 >40～50	≥500	≥630	≥15		

2. 冷拉钢筋

为了提高钢筋的强度，节约钢材，工地上常按施工规程控制一定的冷拉应力或冷拉率，对热轧钢筋进行冷拉。冷拉钢筋的力学性能应符合表 2—5 的规定。冷拉后不得有裂纹、起皮等现象。

表 2—5　　冷拉钢筋的力学性能

钢筋级别	钢筋直径 d（mm）	屈服强度 R_{eL}（MPa）	抗拉强度 R_m（MPa）	断后伸长率 A（%）	冷弯	
					弯曲角度	弯曲直径
Ⅰ级	≤12	≥280	≥370	≥11	180°	3d
Ⅱ级	≤25	≥450	≥510	≥10	90°	3d
	28～40	≥430	≥490	≥10	90°	4d
Ⅲ级	8～40	≥500	≥570	≥8	90°	5d
Ⅳ级	10～28	≥700	≥835	≥6	90°	5d

3．冷轧带肋钢筋

冷轧带肋钢筋是指热轧圆盘条经冷轧减径后在其表面轧成二面或三面有肋的钢筋，冷轧带肋钢筋外形如图 2—4 所示。

图 2—4　冷轧带肋钢筋外形

国家标准《冷轧带肋钢筋》（GB 13788—2008）规定，冷轧带肋钢筋由符号 CRB（C 表示冷轧，R 表示带肋，B 表示钢筋）和钢筋抗拉强度最小值组成牌号。其力学性能见表 2—6。

表 2—6　　冷轧带肋钢筋的力学性能

牌号	抗拉强度 R_m（MPa）	断后伸长率（%）	
		$A_{11.3}$	A_{100}
CRB550	≥550	≥8.0	—
CRB650	≥650	—	≥4.0
CRB800	≥800	—	≥4.0
CRB970	≥970	—	≥4.0

冷轧带肋钢筋将逐步取代冷拔低碳钢丝和冷拉钢筋，其中 CRB550 级钢筋宜作为钢筋混凝土构件的受力钢筋、架立钢筋和构造钢筋，其公称直径范围为 4～12 mm，通常以盘条供货，也可以直条供货。CRB650 及以上牌号为预应力混凝土用钢丝，其公称直径为 4 mm、5 mm、6 mm，均以盘条供货。

4．预应力混凝土用钢棒

预应力混凝土用钢棒由热轧盘条经冷加工后（或不经冷加工）淬火和回火所得。成品钢棒上不得存在电接头，在生产时为了连续作业而焊接的电接头应切除。

按钢棒表面形状分为光圆钢棒、螺旋槽钢棒、螺旋肋钢棒、带肋钢棒四种，表面形状类型按用户要求选定。如图 2—5 所示为预应力混凝土用钢棒外形。

预应力混凝土用钢棒代号：预应力混凝土用钢棒 PCB、光圆钢棒 P、螺旋槽钢棒 HG、螺旋肋钢棒 HR、带肋钢棒 R、普通松弛 N、低松弛 L。按国家标准《预应力混凝土用钢棒》（GB/T 5223.3—2005）交货的产品标记应含下列内容：预应力混凝土用钢棒代号、公称直径、公称抗拉强度、代号、延性级别（延性 35 或延性 25）、松弛（N 或 L）、标准号。

示例：公称直径为 9 mm，公称抗拉强度为 1 420 MPa，35 级延性，低松弛，预应力混凝土用螺旋槽钢棒，其标记为"PCB 9－1420－35－L－HG－GB/T 5223.3"。

根据《预应力混凝土用钢棒》（GB/T 5223.3—2005）的规定，钢棒的公称直径、横截面积、质量及性能见表 2—7，伸长特性要求见表 2—8，最大松弛值见表 2—9。

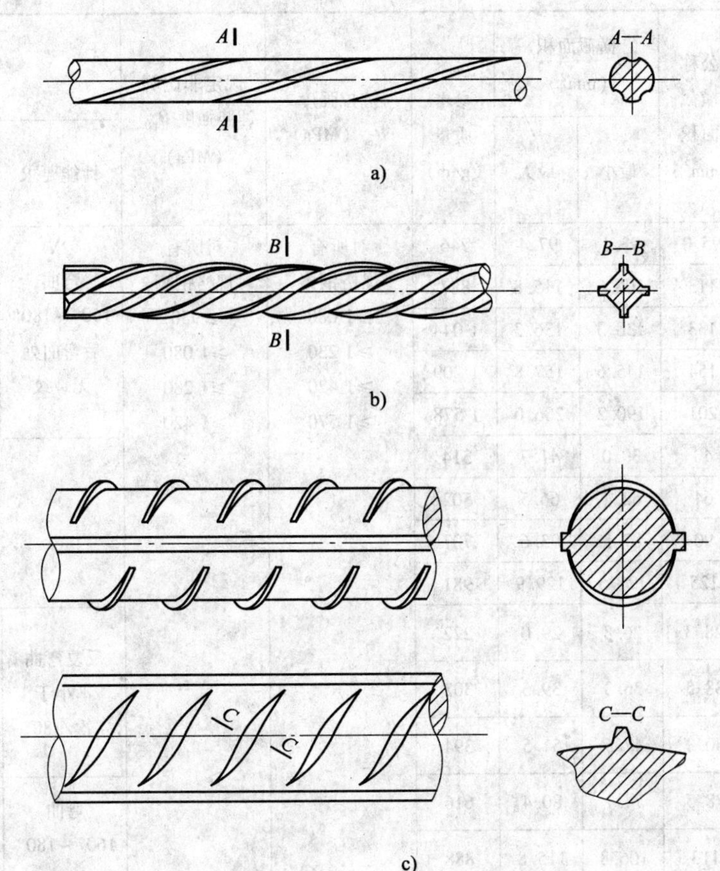

图 2—5　预应力混凝土用钢棒外形

a）3 条螺旋槽钢棒外形示意图　b）螺旋肋钢棒外形示意图　c）有纵肋带肋钢棒外形示意图

表 2—7　　钢棒的公称直径、横截面积、质量及性能

表面形状类型	公称直径 D（mm）	公称横截面积（mm^2）	横截面积（mm^2）		每米参考质量（g/m）	抗拉强度 R_m（MPa）	规定非比例延伸强度 $R_{p0.2}$（MPa）	弯曲性能	
			最小	最大				性能要求	弯曲半径（mm）
光圆	6	28.3	26.8	29.0	222	对所有规格钢棒 ≥1 080 ≥1 230 ≥1 420 ≥1 570	对所有规格钢棒 ≥930 ≥1 080 ≥1 280 ≥1 420	反复弯曲不小于4 次/180°	15
	7	38.5	36.3	39.5	302				20
	8	50.3	47.5	51.5	394				20
	10	78.5	74.1	80.4	616				25

续表

表面形状类型	公称直径 D（mm）	公称横截面积（mm^2）	横截面积（mm^2）		每米参考质量（g/m）	抗拉强度 R_m（MPa）	规定非比例延伸强度 $R_{p0.2}$（MPa）	弯曲性能	
			最小	最大				性能要求	弯曲半径（mm）
光圆	11	95.0	93.1	97.4	746	对所有规格钢棒 ≥1 080 ≥1 230 ≥1 420 ≥1 570	对所有规格钢棒 ≥930 ≥1 080 ≥1 280 ≥1 420	弯曲160°~180°后弯曲处无裂纹	弯芯直径为钢棒公称直径的10倍
	12	113	106.8	115.8	887				
	13	133	130.3	136.3	1 044				
	14	154	145.6	157.8	1 209				
	16	201	190.2	206.0	1 578				
螺旋槽	7.1	40	39.0	41.7	314			—	
	9	64	62.4	66.5	502				
	10.7	90	87.5	93.6	707				
	12.6	125	121.5	129.9	981				
螺旋肋	6	28.3	26.8	29.0	222			反复弯曲不小于4次/180°	15
	7	38.5	36.3	39.5	302				20
	8	50.3	47.5	51.5	394				20
	10	78.5	74.1	80.4	616				25
	12	113	106.8	115.8	888			弯曲160°~180°后弯曲处无裂纹	弯芯直径为钢棒公称直径的10倍
	14	154	145.6	157.8	1 209				
带肋	6	28.3	26.8	29.0	222			—	
	8	50.3	47.5	54.5	394				
	10	78.5	74.1	80.4	616				
	12	113	106.8	115.8	887				
	14	154	145.6	157.8	1 209				
	16	201	190.2	206.0	1 578				

表 2—8　　伸长特性要求

延性级别	最大力总伸长率 A_{gt}（%）	断后伸长率 A（%）
延性 35	3.5	≥7.0
延性 25	2.5	≥5.0

注：1. 日常检验可用断后伸长率，仲裁试验以最大力总伸长率为准。

2. 最大力总伸长率标距 $L_o = 200$ mm。

3. 断后伸长率标距 L_o 为钢棒公称直径的 8 倍，$L_o = 8d_n$。

表 2—9　　最大松弛值

初始应力为 公称抗拉强度的百分数（%）	1 000 h 松弛值（%）	
	普通松弛（N）	低松弛（L）
70	4.0	2.0
60	2.0	1.0
80	9.0	4.5

练　习　题

一、填空题（将正确答案写在横线上）

1. 钢筋按其在构件中的作用可分为________、________。

2. 受力钢筋包括________、________、________等。

3. 构造钢筋包括架立钢筋、________、________、________、________等。

4. 钢筋按外形可分为________、________、________、________。

5. 钢筋按生产工艺可分为________、________、________、________。

6. 预应力混凝土用钢棒按表面形状分为________、________、________、________四种。

二、选择题（将正确答案的代号写在括号内）

1. 热轧光圆钢筋牌号 HPB235 中“235”的含义为（　　）。

A. 抗拉强度　　B. 抗压强度　　C. 屈服强度　　D. 抗剪强度

2. “CRB”符号中“C”表示（　　）、“R”表示带肋、“B”表示钢筋。

A. 热轧　　B. 冷拉　　C. 冷轧　　D. 预应力

3. 直径不大于 12 mm 的Ⅰ级冷拉钢筋，伸长率应不小于（　　）。

A. 11%　　B. 10%　　C. 8%　　D. 12%

4. HRB335 钢筋，抗拉强度应不小于（　　）。

A. 335　　B. 400　　C. 455　　D. 500

5. 钢筋进场后应该挂牌，挂牌包括批号、规格、（　　）、直径、长度等。

A. 化学成分　　B. 牌号　　C. 质量　　D. 进场时间

6. 钢筋垛底应垫高（　　）mm 以上，并保持料场清洁、通风干燥。

A. 50　　B. 100　　C. 200　　D. 250

7. 钢筋中的主要化学成分为（　　）。

A. 铁　　B. 碳　　C. 硅　　D. 钢

8. 一般工程用碳素钢为低碳钢，其含碳量小于（　　）。

A. 0.25%　　B. 0.3%　　C. 0.5%　　D. 0.8%

9. 建筑用钢要求含硫量小于（　　）。

A. 0.52%　　B. 0.3%　　C. 0.045%　　D. 0.008%

三、判断题（正确的画“√”，错误的画“×”）

1. 热轧光圆钢筋牌号中“HPB”中的“P”代表光圆。 ( )
2. HPB235 中“235”表示屈服强度不小于 235 MPa。 ( )
3. “CRB”表示热轧带肋钢筋。 ( )
4. CRB550 表示抗拉强度不小于 550 MPa 的冷轧带肋钢筋。 ( )
5. 热轧钢筋表面凸块不得超过横肋的最大高度。 ( )
6. 热轧钢筋的力学性能检验应从每批中任选两根钢筋分别做拉力试验和冷弯试验。 ( )
7. 冷拉钢筋表面可有浮锈，但不得有锈皮及目视可见的麻坑等腐蚀现象。 ( )
8. 当钢中含碳量在 0.8% 以下时，随着含碳量降低，钢的强度和硬度提高，塑性和韧性下降。 ( )
9. 磷、硫、氧是钢中的有害元素。 ( )
10. 硅在钢中是有益元素，炼钢时起脱氧作用。 ( )

模块二 钢筋的验收与保管

知识技能要求

1. 熟悉常用钢筋检验的方法。
2. 掌握钢筋保管的注意事项。

一、钢筋进场验收

进入施工现场的钢筋必须进行钢筋质量验收，经进场质量验收合格的钢筋方可在工程中使用。钢筋进场时施工单位应及时通知监理单位到场共同进行检查验收，并各自记录所有进场钢筋的批次、数量、种类，验收时应检查以下内容：

1. 能够代表该批待验收钢筋质量情况的产品质量证明书

钢筋进场时，产品质量证明书必须随钢筋同时进场，且能代表该批钢筋质量情况。钢筋包装、标志和产品质量证明书等应符合《型钢验收、包装、标志及质量证明书的一般规定》（GB/T 2101—2008）等国家标准中的相关要求，否则，钢筋不得进入施工现场。

钢筋进场质量与生产厂家提供的产品质量证明书中的钢筋质量是一致的，施工单位应留置产品质量证明书原件。钢筋进场质量低于生产厂家提供的产品质量证明书中的钢筋质量的，施工单位应按下列要求留置产品质量证明书原件或复印件，否则，钢筋不得进入施工现场。

（1）提供产品质量证明书原件的，原件上必须注明进货质量、规格和时间，经办人签字后加盖经销单位公章。

（2）不能提供产品质量证明书原件的，则需经销单位出示该批钢筋的产品质量证明书原件，在原件上注明该工程进场钢筋质量、规格、进场时间和原件保存处，复印后，由经办人在该复印件上签字并加盖经销单位公章。

2．钢筋表面标志（螺纹钢筋表面必须有标志）和附带的标牌

3．钢筋的外观质量

如表面裂纹、颜色是否均匀、夹杂、结疤、凸块、凹坑、锈蚀等。

4．钢筋的截面尺寸

通过以上检查符合要求的钢筋，施工单位取样人员应在监理单位见证取样员的见证下，按标准要求截取钢筋试样（所截取的钢筋段应带有钢筋生产厂家的标志）进行检验，认定合格后，方可使用该批钢筋。

二、钢筋的检验

对从市场上采购的钢筋要进行质量检验，判定它是否合格。钢筋质量符合标准与否将直接影响结构的使用和安全，所以钢筋工要特别重视对钢筋原材料的进场检验工作。钢筋质量检验通常包括外观检查和力学性能检验。下面给出常用钢筋的具体检验方法。

1．热轧钢筋的检验

（1）外观。钢筋表面不得有裂纹、结疤和褶皱，钢筋表面凸块不得超过横肋的最大高度。外形尺寸必须符合规定，钢筋按定尺长度交货时，其长度允许偏差不得大于50 mm，钢筋端部应剪切平直，直条钢筋总弯曲度不应超过钢筋长度的0.4%。

（2）力学性能检验。若以盘条交货，则每盘应是一整条钢筋，应分批验收，每批质量不大于60 t，在每批中任选两根钢筋各取一套试样，每套试样取一根做拉力试验（屈服强度、抗拉强度、伸长率），另一根做冷弯试验。若有一个项目结果不符合该钢筋力学性能所规定的数值时，则另取双倍数量的试件对不合格项目做第二次试验，如仍不合格则该批钢筋不予验收。

（3）进口热轧带肋钢筋应有出厂质量保证书及进口商标报告，按相应国家的钢筋标准和合同规定的检验内容进行检验，并要配有化学成分分析报告。

2．冷拉钢筋的检验

（1）外观。钢筋表面不得有裂纹、结疤、油污及其他影响使用的缺陷，表面可有浮锈，但不得有锈皮及目视可见的麻坑等腐蚀现象。

（2）力学性能检验。分批验收，同批钢筋由同级别、同直径、同冷拉参数的钢筋组成，每批最大数量为：直径不大于12 mm的为10 t，直径不小于14 mm的为20 t。从不同的三根钢筋上各取一套试样，做拉力试验和冷弯试验，如有一项试验结果不符合该钢筋的力学性能所规定的数值，则取双倍数量的试件重做全部各项试验，如仍有一根试件不合格，则该批钢筋不合格。

3．冷轧带肋钢筋

（1）外观。钢筋表面不得有裂纹、结疤、油污及其他影响使用的缺陷，表面可有浮锈，但不得有锈皮及目视可见的麻坑等腐蚀现象。

（2）力学性能检验。每批钢筋由同牌号、同规格、同级别的钢筋组成，质量不大于50 t，取样方法是在盘的任意一端截去500 mm后切取长度不小于60倍公称直径的试样。拉伸试验结果若不符合要求则该盘钢筋不合格；若冷弯试验结果不合格，则从同一批未经试验的盘中取双倍数量的试样再进行冷弯试验，若复检结果仍不合格，则认为整批钢筋不合格。

4．预应力钢丝的检验（光圆、螺旋肋、螺旋槽）

（1）外观。钢丝应逐盘进行形状、尺寸和表面状况检查，钢丝表面不得有裂纹、小刺、

机械损伤、氧化铁皮和油污。

（2）力学性能检验。同钢号、同直径、同抗拉强度和同交货状态的钢筋为一批，且每批质量不大于60 t。在每批钢丝中任取5%的盘数（不少于3盘），每盘钢丝各取一套试件进行抗拉强度、伸长率、弯曲次数试验，检验结果中如果有一根试件不符合任一项规定时，除该盘钢丝作为不合格品外，应从该批未检验过的钢丝盘中再取双倍数量的试件，重做不合格项目的检验，若复核结果中仍有一根试件不合格时，则该批钢筋不予验收。

5．预应力混凝土用钢棒的检验

（1）外观。盘径内圈直径应不小于2 000 mm。直条长度及允许偏差按供需双方协议要求。每盘钢棒由一根组成，盘重一般应不小于500 kg，每批允许有10%的盘数小于500 kg但不小于200 kg。产品可以盘卷或直条交货。钢棒表面不得有影响使用的有害损伤和缺陷，允许有浮锈。

（2）力学性能检验。钢棒应成批检查和验收，每批钢棒由同一牌号、同一规格、同一加工状态的钢棒组成，每批质量不大于60 t。按规定取样进行力学性能试验，如果有一项结果不符合规定的数值，则从同一批中另取双倍数量的试样进行复验，如仍有一项不合格，则该批钢筋不予验收。

三、钢筋的保管

钢筋运到施工场地后，应进行合理的存放和保管，避免混淆和锈蚀。在钢筋存放和保管中通常应做好下面几项工作。

（1）挂牌。严格按批号、规格、牌号、直径、长度挂牌，分别存放，并注明数量。钢筋成品按工程名称和构件名称、按编号顺序存放。

（2）选择合适的存放场所。钢筋一般应入库存放或入棚存放。条件不具备时，应选择地势较高、通风干燥、地面平坦的露天场地堆放。钢筋垛底应垫高200 mm以上，同时保持料场清洁。

（3）钢筋堆垛之间应留出通道，以利于查找、运送和存放。

（4）加强防护措施，要避免钢筋接触酸、盐、油等腐蚀性介质，堆放钢筋的地点附近不能有有害气体源，防止钢筋锈蚀。

（5）设专人管理，建立严格的验收、保管、领取的管理制度。

实训　钢筋的力学性能试验

一、实训目的

通过本次拉伸试验，使学员们能够理解钢筋的屈服强度、抗拉强度、伸长率的概念。通过冷弯试验检验钢筋承受规定弯曲角度的弯曲变形性能。

二、实训设备

1．万能材料试验机

示值误差在±1%。使用时，刻度盘的选择应使试件预破坏荷载落在刻度盘全量程的20%～80%之间。

2．标点划分器BJ－10、游标卡尺

如果没有试验设备，也可带学员到当地的建筑工程质量检测站观测该试验。

3．冷弯试验设备

有条件的话可以选择压力机、特殊试验机、万能材料试验机。若无适当设备也可用锤子、机械锤、弯钩机、老虎钳。

三、实训指导

1．拉伸试验

（1）试验依据

1）取样。按《钢及钢产品　力学性能试验取样位置及试样制备》（GB/T 2975—1998）进行。

2）试验方法。按《金属材料　室温拉伸试验方法》（GB/T 228—2002）① 进行。

（2）试验步骤。标明试样标距、截面尺寸，然后将试样夹紧在万能材料试验机上，开始加载，当钢筋的力—夹头位移曲线达到屈服阶段时，读取屈服点的荷载。继续加载直至试样拉断，读取最大荷载。测断后标距长度。计算试样的屈服强度、抗拉强度、伸长率。试验中相关符号和说明见表 2—10。

表 2—10　　相关符号和说明

符　号	单　位	说　明
		试　样
L_o	mm	原始标距
L_u	mm	断后标距
S_o	mm^2	原始横截面积
		伸　长
ΔL_m	mm	最大力（F_m）总延伸
—	mm	断后伸长（L_u-L_o）
A	%	断后伸长率$\frac{L_u-L_o}{L_o}\times 100\%$
A_t	%	断裂总伸长率
A_g	%	最大力（F_m）非比例伸长率
A_{gt}	%	最大力（F_m）总伸长率
		力
F_m	N	最大力
		屈服强度—规定强度—抗拉强度
R_{eH}	N/mm^2	上屈服强度
R_{eL}	N/mm^2	下屈服强度
R_m	N/mm^2	抗拉强度
E	N/mm^2	弹性模量

（3）试验条件

1）试验应在室温（10～35℃）下进行。

2）试验速度应符合《金属材料　室温拉伸试验方法》（GB/T 228—2002）的规定。

① 此标准更新为 GB/T 228.1—2010，2011 年 12 月 01 日起实施。

3）试验机或夹持装置，应允许试样在拉伸方向自由定位和轴向施力。对于楔型夹头，试样头部被夹持的长度一般至少为夹头长度的3/4。

（4）上屈服强度、下屈服强度的测定

1）图解方法。试验时记录力—伸长曲线或力—位移曲线。从曲线图读取力首次下降前的最大力和不计初始瞬时效应时屈服阶段中的最小力或屈服平台的恒定力，将其分别除以试样原始横截面积（S_o）得到上屈服强度和下屈服强度（见图2—6）。仲裁试验采用图解方法。

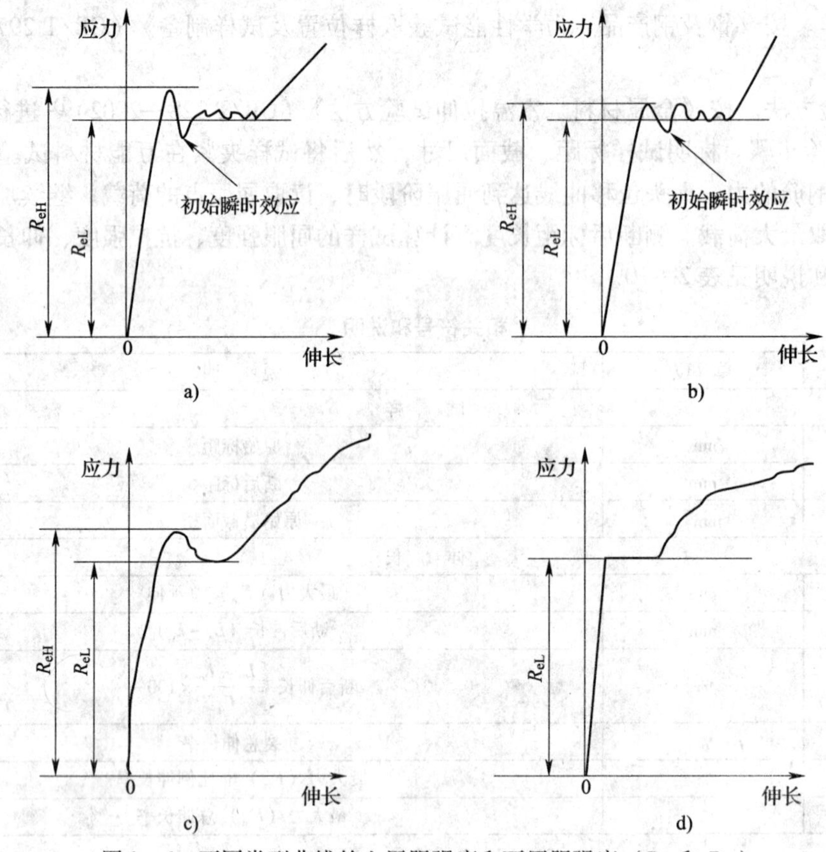

图2—6　不同类型曲线的上屈服强度和下屈服强度（R_{eH}和R_{eL}）

2）指针方法。试验时，读取测力刻度盘指针首次回转前指示的最大力和不计初始瞬时效应时屈服阶段中指示的最小力或首次停止转动时指示的恒定力，将其分别除以试样原始横截面积（S_o）得到上屈服强度和下屈服强度。

（5）抗拉强度（R_m）的测定。抗拉强度是相应最大力（F_m）的应力，采用图解方法或指针方法测定。

对于呈现明显屈服（不连续屈服）现象的金属材料，从记录的力—伸长或力—位移曲线图或从测力刻度盘，读取过了屈服阶段之后的最大力（见图2—7）；对于呈现无明显屈服（连续屈服）现象的金属材料，从记录的力—伸长或力—位移曲线图或从测力刻度盘，读取试验过程中的最大力。最大力除以试样原始横截面积（S_o）得到抗拉强度。

使用自动装置（例如微处理机等）或自动测试系统测定抗拉强度，可以不绘制拉伸曲线图。

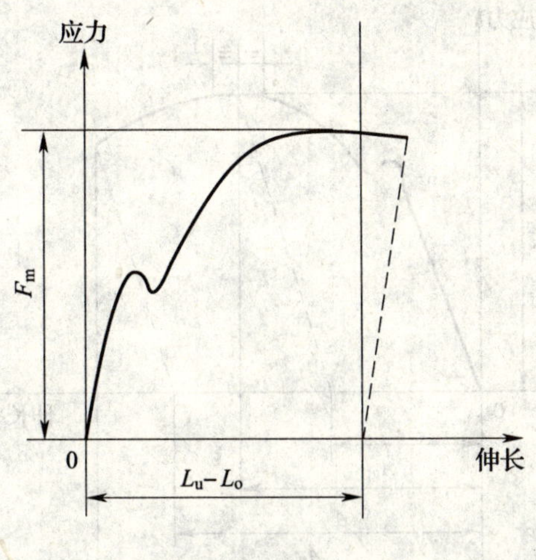

图 2—7　最大力（F_m）

抗拉强度（R_m）按下式计算。

$$R_m = \frac{F_m}{S_o}$$

（6）断后伸长率（A）和断裂总伸长率（A_t）的测定。断后伸长率是断后标距的残余伸长（$L_u - L_o$）与原始标距（L_o）之比的百分率。为了测定断后伸长率，应将试样断裂的部分仔细地配接在一起，使其轴线处于同一直线上，并采取特别措施确保试样断裂部分适当接触后测量试样断后标距，这对小横截面试样和低伸长率试样尤为重要。

应使用分辨率高于 0. 1 mm 的量具或测量装置测定断后标距（L_u），准确到 ±0. 25 mm。如规定的最小断后伸长率小于 5%，建议采用引伸计进行测定。原则上只有断裂处与最接近的标距标记的距离不小于原始标距的三分之一的情况下才有效。但断后伸长率大于或等于规定值，不管断裂位置处于何处，测量均有效。

能用引伸计测定断裂延伸的试验机，引伸计标距（L_e）应等于试样原始标距（L_o），无须标出试样原始标距的标记。以断裂时的总延伸作为伸长量时，为了得到断后伸长率，应从总延伸中扣除弹性延伸部分。断裂总延伸除以试样原始标距得到断裂总伸长率（A_t），如图 2—8 所示。

注意：如产品标准规定用一固定标距测定断后伸长率，引伸计标距应等于这一标距。

$$A = \frac{L_u - L_o}{L_o} \times 100\%$$

式中　A——断后伸长率（%）；

L_o——试件原标距长度，mm；

L_u——拉断后标距部分长度，mm。

（7）试验出现下列情况之一，则试验结果无效，应重做同样数量试样的试验。

1）试样断在标距外或断在机械刻划的标距标记上，而且断后伸长率小于规定最小值。

2）试验期间设备发生故障，影响了试验结果。

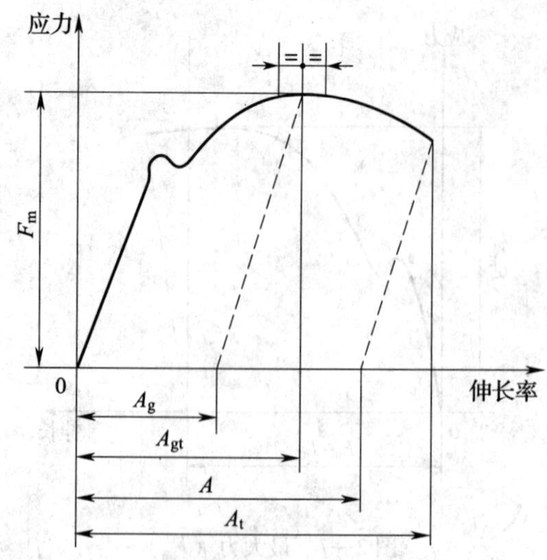

图 2—8　伸长率的定义

试验后试样出现两个或两个以上的缩颈以及显示出肉眼可见的冶金缺陷（例如分层、气泡、夹渣、缩孔等），应在试验记录和报告中注明。

（8）试验报告。试验报告一般应包括下列内容：

1）本国家标准编号。

2）试样标志。

3）材料名称、牌号。

4）试样的取样方向和位置。

5）所测性能结果。

2. 冷弯试验

（1）试验依据

1）取样。按《钢及钢产品　力学性能试验取样位置及试样制备》（GB/T 2975—1998）进行。

2）试验方法。按《金属材料　弯曲试验方法》（GB/T 232—2010）进行。

（2）试样的要求。用于制作试样的样坯，通常可从钢筋的端部切取。必要时可采用气割法，但切割线距试样的边缘不得小于 20 mm。在试样中央 1/3 段内，不允许有任何伤痕。

（3）试验步骤

1）准备试样，根据试样的直径选择冷弯冲头，调整间距。试样放置在万能材料试验机台冷弯座上加压直至达到规定的角度，检验试样外观。

2）试样按规定的弯芯和规定的条件进行弯曲。在作用力下的弯曲程度，可分为下列类型，如图 2—9 所示。

（4）试验结果与评定。弯曲后，检查试样弯曲处侧面及外面，若无裂缝、断裂或起层，即认为合格。

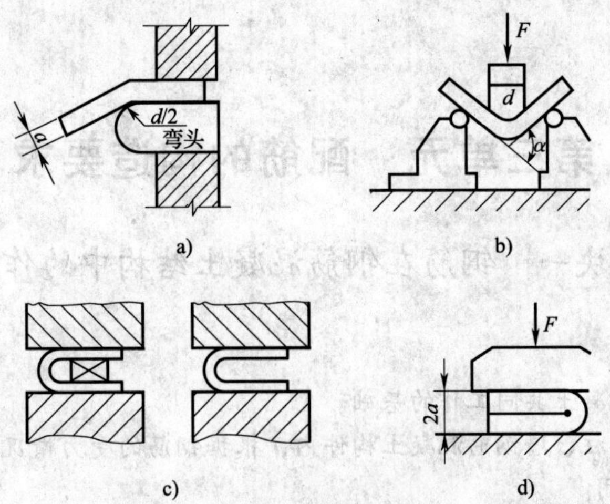

图 2—9　冷弯试验的几种弯曲程度

a)、b）弯曲至规定的角度　c）弯曲至两面平行　d）弯曲至两面重合

第三单元　配筋的构造要求

模块一　钢筋在钢筋混凝土结构中的作用

知识技能要求

1. 了解钢筋与混凝土共同工作的基础。

2. 掌握梁、板、柱、墙钢筋混凝土构件内，根据钢筋的受力情况，分别配有哪些种类的钢筋以及它们的作用。

一、钢筋混凝土的概念

钢筋混凝土是由钢筋和混凝土两种力学性能不同的材料组成的。混凝土是一种人造石，它的抗压强度较高，而抗拉强度却很低，而钢筋的抗拉强度很高。为了充分利用材料的力学性能，在混凝土中加入钢筋，让它们结合在一起共同工作，使混凝土主要承受压力，而钢筋主要承受拉力，以满足工程结构的不同要求。

1. 钢筋与混凝土共同工作的基础

（1）钢筋和混凝土间有良好的黏结力。混凝土硬化后，钢筋与混凝土之间会产生较强的黏结力，使两者可靠地结合在一起，从而保证在外部荷载作用下，钢筋和混凝土能够共同工作。

（2）钢筋和混凝土黏结后，在外部荷载作用下，两者变形量基本相同，从而保证了钢筋和混凝土的整体性。

（3）混凝土使钢筋不易发生锈蚀。混凝土将钢筋紧紧包裹住，可以阻止有害物质和水分侵蚀钢筋，从而保证了结构的耐久性。

2. 钢筋混凝土的主要特点

（1）耐久性和耐火性能好。

（2）具有较好的可铸性，在自重和振捣的作用下填满模板，可做成各种所需形状的构件。

（3）具有良好的整体性，利于抗震。

（4）可就地取材，材料来源广泛。

二、钢筋在钢筋混凝土结构中的作用

在工程结构中，钢筋混凝土构件的类型较多，它们的受力和作用也各不相同，因而构件内钢筋的组成及作用也不尽相同。

1. 钢筋混凝土梁内钢筋的组成和作用

钢筋混凝土梁内主要配有 4 种钢筋，即纵向受力钢筋、弯起钢筋、架立钢筋、箍筋，如图 3—1 所示。

（1）纵向受力钢筋。纵向受力钢筋的作用主要是承受由外力在梁内产生的拉应力，所以这种钢筋应放在梁的受拉一侧。

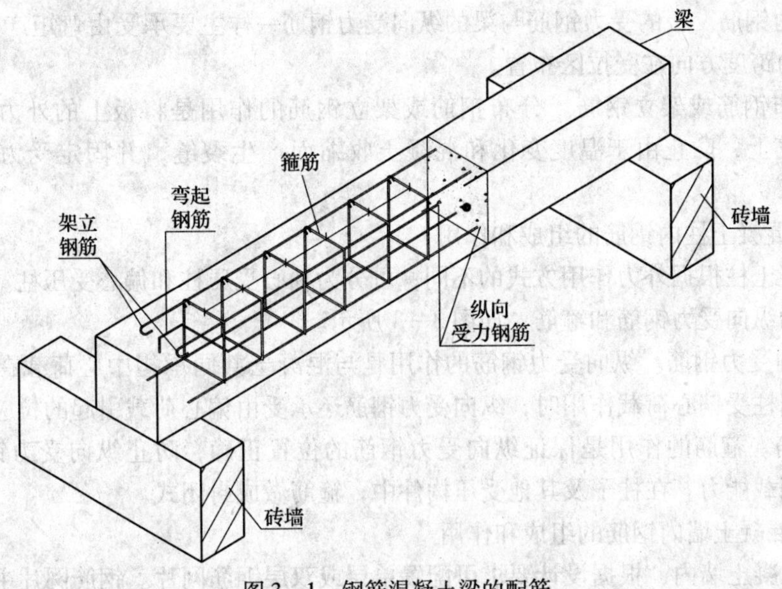

图 3—1　钢筋混凝土梁的配筋

（2）弯起钢筋。弯起钢筋是由纵向受力钢筋弯起形成的。它的作用是除了在跨中承受由弯矩产生的拉应力外，在靠近支座的弯起段还承受剪应力。

（3）架立钢筋。架立钢筋的主要作用是固定钢筋的正确位置，并形成有一定刚度的钢筋骨架。此外，架立钢筋还可以承受因温度变化和混凝土收缩而产生的应力，防止裂缝的产生。这种钢筋通常布置在梁的受压区外边缘两侧，与纵向受力钢筋平行。

（4）箍筋。箍筋的主要作用是承受剪力，同时，通过绑扎或焊接使箍筋与其他钢筋形成一个整体性好的空间骨架。

2. 钢筋混凝土板内钢筋的组成和作用

钢筋混凝土板内主要配有受力钢筋和分布钢筋或架立钢筋，如图 3—2 所示。

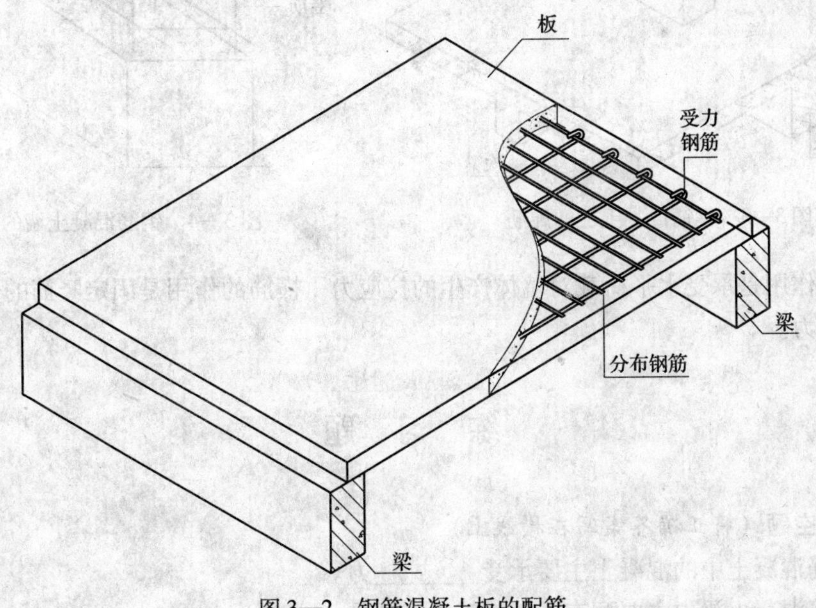

图 3—2　钢筋混凝土板的配筋

（1）受力钢筋。板的受力钢筋与梁的纵向受力钢筋一样主要承受由弯矩产生的拉应力，它一般沿板的跨度方向在受拉区布置。

（2）分布钢筋或架立钢筋。分布钢筋或架立钢筋的作用是将板上的外力更有效地传递到受力钢筋上，防止由于温度变化和混凝土收缩而产生裂缝，并固定受力钢筋的正确位置。

3．钢筋混凝土柱内钢筋的组成和作用

钢筋混凝土柱根据外力作用方式的不同，可分为轴心受压柱和偏心受压柱。轴心受压柱内配有对称的纵向受力钢筋和箍筋，如图 3—3 所示。

（1）纵向受力钢筋。纵向受力钢筋的作用是与混凝土共同承担中心荷载在截面内产生的压应力。当柱受偏心荷载作用时，纵向受力钢筋还承受由偏心荷载引起的拉应力。

（2）箍筋。箍筋的作用是保证纵向受力钢筋的位置正确，防止纵向受力钢筋被压弯，提高柱子的承载能力。在柱子及其他受压构件中，箍筋做成封闭式。

4．钢筋混凝土墙内钢筋的组成和作用

在钢筋混凝土墙内，根据设计要求可配置单层或双层钢筋网片。钢筋网片主要由竖筋和横筋组成，在采用双层钢筋网片时，在两层钢筋网片之间还要设置撑铁，如图 3—4 所示。

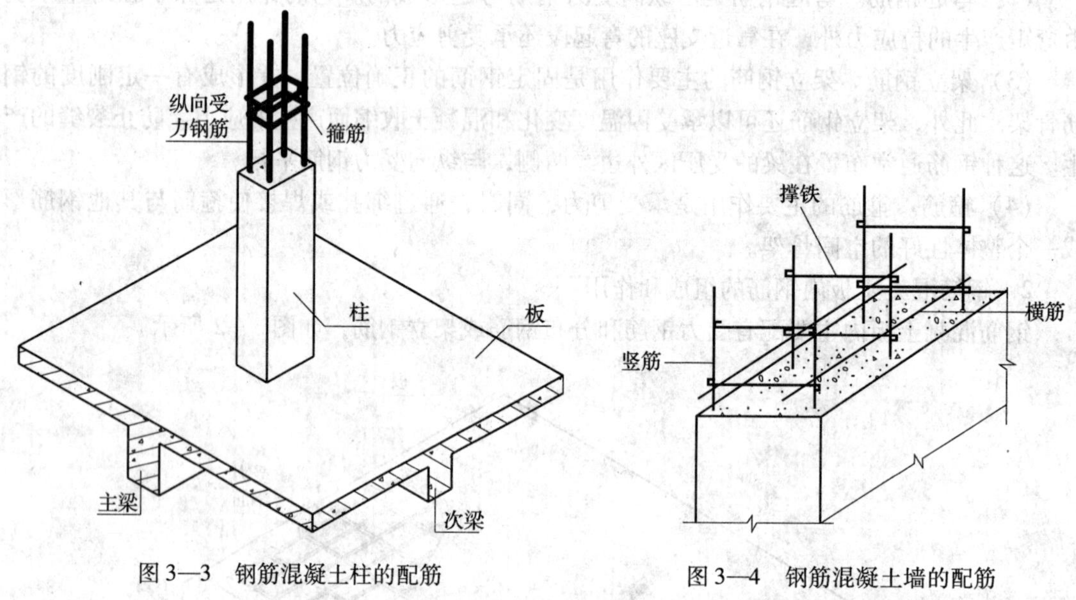

图 3—3　钢筋混凝土柱的配筋　　　　图 3—4　钢筋混凝土墙的配筋

竖筋的作用是承受水平荷载对墙体产生的拉应力。横筋的作用是固定竖筋的位置，并承受一定的剪力。

练　习　题

一、填空题（将正确答案写在横线上）

1．钢筋混凝土中的混凝土主要承受_________力。

2．钢筋混凝土梁内主要配有 4 种钢筋，分别是__________________、__________________、

________________、________________。

3．钢筋混凝土板内主要配有 2 种钢筋，分别是________________、________________。

4．钢筋混凝土柱内主要配有 2 种钢筋，分别是________________、________________。

二、选择题（将正确答案的代号写在括号内）

1．混凝土与钢筋一起组成复合材料，主要是由于二者之间（　　）。

A．有黏结力　　B．强度相似　　C．刚度接近　　D．有摩擦力

2．当柱受偏心荷载作用时，纵向受力钢筋还承受由偏心荷载引起的（　　）。

A．黏结力　　B．剪应力　　C．拉应力　　D．摩擦力

3．钢筋混凝土中的钢筋主要承受（　　）。

A．拉力　　B．压力

C．剪力　　D．拉力、压力、剪力

4．在钢筋混凝土梁中一般用弯起钢筋、（　　）、吊筋承受剪力。

A．分布钢筋　　B．拉筋　　C．受拉钢筋　　D．箍筋

三、判断题（正确的画"√"，错误的画"×"）

1．钢筋混凝土梁中，弯起钢筋除了在跨中承受拉应力外，在靠近支座处还承受剪应力。（　　）

2．可就地取材、材料来源广泛是钢筋混凝土的优点之一。（　　）

3．钢筋混凝土墙中，钢筋网片主要由竖筋和横筋组成。横筋的作用是固定竖筋的位置，并承受一定的剪力。（　　）

模块二　钢筋在钢筋混凝土结构中的构造要求

知识技能要求

1．掌握混凝土保护层的概念及规范要求。

2．掌握梁、板、柱、墙中配筋的构造要求。

一、配筋的构造要求

1．混凝土保护层

混凝土保护层厚度指的是纵向受力钢筋的外边缘至构件外边缘的距离，如图 3—5 所示。

为了保证钢筋不被锈蚀及钢筋和混凝土共同工作，国家标准《混凝土结构设计规范》（GB 50010—2002）① 规定混凝土应设保护层，并且规定了纵向受力钢筋的混凝土保护层最小厚度，见表 3—1。

处于四、五类环境中的建筑物，其混凝土保护层厚度还应符合国家现行有关标准的要求。混凝土结构的环境类别见表 3—2。

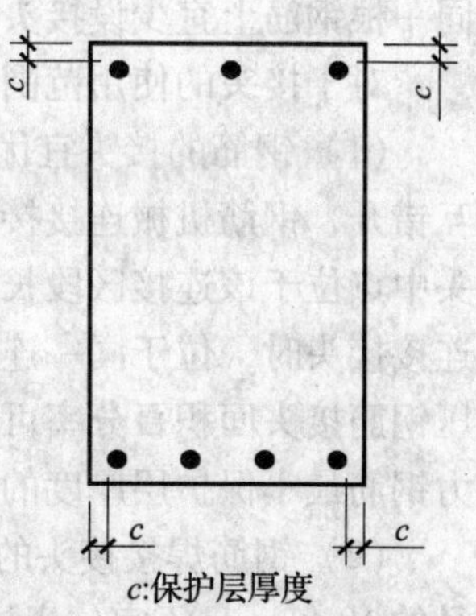

图 3—5　混凝土保护层厚度

① 此标准更新为 GB 50010—2010，2011 年 07 月 01 日起实施。

表 3—1　　纵向受力钢筋的混凝土保护层最小厚度　　mm

环境类别 \ 构件 \ 混凝土强度		板、墙、壳			梁			柱		
		≤C20	C25～C45	≥C50	≤C20	C25～C45	≥C50	≤C20	C25～C45	≥C50
一		20	15	15	30	25	25	30	30	30
二	a	—	20	20	—	30	30	—	30	30
	b	—	25	20	—	35	30	—	35	30
三		—	30	25	—	40	35	—	40	35

注：1. 基础中纵向受力钢筋的混凝土保护层厚度不应小于 40 mm，当无垫层时不应小于 70 mm。

2. 处于一类环境且由工厂生产的预制构件，当混凝土强度等级不低于 C20 时，其保护层厚度可按本表规定减小 5 mm，但预应力钢筋的保护层厚度不应小于 15 mm；处于二类环境且由工厂生产的预制构件，当表面采取有效保护措施时，保护层厚度可按本表一类环境数值取用。预制钢筋混凝土受弯构件钢筋端头的保护层厚度不应小于 10 mm，预制肋形板主肋钢筋的保护层厚度应按梁的数值取用。

3. 板、墙、壳中分布钢筋的保护层厚度不应小于表中相应数值减小 10 mm，且不应小于 10 mm；梁、柱中箍筋和构造钢筋的保护层厚度不应小于 15 mm。

4. 当梁、柱中纵向受力钢筋的保护层厚度大于 40 mm 时，应对保护层采取有效的防裂构造措施。处于二、三类环境中的悬臂板，其上应采取有效的保护措施。

5. 对有防火要求的建筑物，其混凝土保护层厚度还应符合国家现行有关标准的要求。

表 3—2　　混凝土结构的环境类别

环境类别		条　件
一		室内正常环境
二	a	室内潮湿环境；非严寒和非寒冷地区的露天环境、与无侵蚀性水或土壤直接接触的环境
	b	严寒和寒冷地区的露天环境、与无侵蚀性水或土壤直接接触的环境
三		使用除冰盐的环境；严寒和寒冷地区水位变动的环境；滨海室外环境
四		海水环境
五		受人为或自然侵蚀性物质影响的环境

2. 钢筋的连接

钢筋的接头形式常采用绑扎、焊接和机械连接。受力钢筋的接头宜设置在受力较小处。同一根钢筋上宜少设接头。

对于接头的使用范围和接头的加工有如下规定：

(1) 钢筋的接头宜优先采用焊接或机械连接的接头。纵向受力钢筋机械连接接头宜相互错开，钢筋机械连接接头连接区段的长度为 $35d$（d 为纵向受力钢筋的较大直径），凡接头中点位于该连接区段长度内的机械连接接头均属于同一连接区段。在受力较大处设置机械连接接头时，位于同一连接区段内的纵向受拉钢筋接头面积百分率不宜大于 50%，纵向受压钢筋接头面积百分率可不受限制。机械连接接头连接件的混凝土保护层厚度宜满足纵向受力钢筋最小保护层厚度的要求。连接件之间的横向净间距不宜小于 25 mm。

(2) 钢筋焊接接头的类型及质量应符合规定。焊接接头距钢筋弯曲处不应小于钢筋直径的 10 倍，且不宜位于构件最大弯矩处。纵向受力钢筋的焊接接头应相互错开，钢筋焊接接头连接区段的长度为 $35d$（d 为纵向受力钢筋的较大直径），且不小于 500 mm，凡接头中点位于该连接区段长度内的焊接接头均属于同一连接区段。位于同一连接区段内的纵向受拉钢筋焊接接头面积百分率不应大于50%，纵向受压钢筋焊接接头面积百分率可不受限制。

注意：

1）装配式构件连接处的纵向受力钢筋焊接接头可不受以上限制。

2）承受均布荷载作用的屋面板、楼板、檩条等简支受弯构件，如在受拉区内配置的纵向受力钢筋少于3根时，可在跨度两端各四分之一跨度范围内设置一个焊接接头。

（3）轴心受拉及小偏心受拉杆件（如桁架的拉杆和拱的拉杆）的纵向受力钢筋不得采用绑扎接头。当受拉钢筋的直径大于28 mm及受压钢筋的直径大于32 mm时，不宜采用绑扎接头。

在纵向受力钢筋搭接长度范围内应配置箍筋，其直径应不小于搭接钢筋较大直径的0.25倍。当钢筋受拉时，箍筋间距应不大于搭接钢筋较小直径的5倍，且应不大于100 mm；当钢筋受压时，箍筋间距应不大于搭接钢筋较小直径的10倍，且应不大于200 mm。当受压钢筋的直径大于25 mm时，还应在搭接接头两个端面外100 mm范围内各设置两个箍筋。

采用绑扎接头的受力钢筋，其最小搭接长度应符合表3—3的规定。

表3—3　　钢筋绑扎接头的最小搭接长度

钢筋类型	受力情况	
	受拉	受压
Ⅰ级钢筋	$30d$	$20d$
Ⅱ级钢筋	$35d$	$25d$
Ⅲ级钢筋	$40d$	$30d$
冷拔低碳钢丝	250 mm	200 mm

注：d为钢筋直径。

（4）受力钢筋接头的位置应相互错开。在任一长度区段内，有接头的受力钢筋截面积占受力钢筋总截面积的百分率，应符合表3—4的规定。

表3—4　　在搭接长度区段内受力钢筋接头面积的允许百分率

接头形式	受拉区（%）	受压区（%）
绑扎骨架和绑扎网中钢筋的搭接接头	25	50
焊接骨架和焊接网中钢筋的搭接接头	50	50
受力钢筋的焊接接头	50	不限制
预应力钢筋的对焊接头	25	不限制

3. 钢筋的锚固

（1）钢筋的锚固长度。当计算中充分利用钢筋的抗拉强度，受拉时应按下列公式计算：

$$l_a = \alpha \frac{f_y}{f_t} d \qquad (3—1)$$

式中　l_a——受拉钢筋的锚固长度，mm；

f_y——钢筋的抗拉强度设计值，N/mm^2；

f_t——混凝土轴心抗拉强度设计值，N/mm^2；

d——钢筋直径，mm；

α——钢筋的外形系数。

钢筋的外形系数见表 3—5。

表 3—5　　钢筋的外形系数

钢筋类型	光面钢筋	带肋钢筋	刻痕钢丝	螺旋肋钢丝	三股钢绞线	七股钢绞线
α	0.16	0.14	0.19	0.13	0.16	0.17

当符合下列条件时，计算的锚固长度应进行修正：当 HRB335、HRB400 级钢筋的直径大于 25 mm 时，其锚固长度应乘以修正系数 1.1；HRB335、HRB400 级的环氧树脂涂层钢筋，其锚固长度应乘以修正系数 1.25；当钢筋在混凝土施工过程中易受扰动（如滑模施工）时，其锚固长度应乘以修正系数 1.1；当 HRB335、HRB400 级钢筋锚固区的混凝土保护层厚度大于钢筋直径的 3 倍且配有箍筋时，其锚固长度应乘以修正系数 0.8。

经过上述修正后的锚固长度应不小于按式（3—1）计算的锚固长度的 0.7 倍，且应不小于 250 mm。

（2）机械锚固。当 HRB335、HRB400 级纵向受拉钢筋末端采用机械锚固措施时，包括附加锚固端头在内的锚固长度可取为按式（3—1）计算的锚固长度的 0.7 倍。钢筋机械锚固的形式及构造要求如图 3—6 所示。

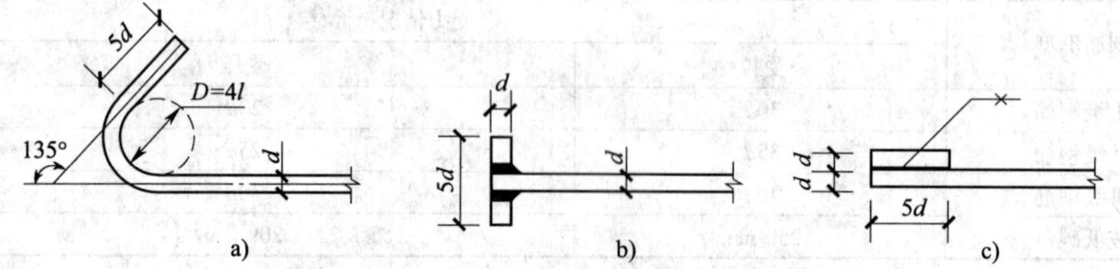

图 3—6　钢筋机械锚固的形式及构造要求

a）末端带 135°弯钩　b）末端与钢板穿孔塞焊　c）末端与短钢筋双面贴焊

采用机械锚固措施时，锚固长度范围内的箍筋应不少于 3 个，其直径应不小于纵向钢筋直径的 0.25 倍，其间距应不大于纵向钢筋直径的 5 倍。当纵向钢筋的混凝土保护层厚度不小于钢筋公称直径的 5 倍时，可不配置上述箍筋。

4. 钢筋的弯钩

国家标准《混凝土结构设计规范》（GB 50010—2002）规定，钢筋骨架中的受力光面钢筋，应在钢筋末端做弯钩，在焊接骨架、焊接网中可不做弯钩；钢筋骨架中的受力变形钢筋，在钢筋末端可不做弯钩，作受压钢筋时可不做弯钩。

光面钢筋末端应做 180°弯钩，其圆弧弯曲直径 D 应不小于钢筋直径 d 的 2.5 倍，平直部分的长度不宜小于钢筋直径 d 的 3 倍，如图 3—7 所示。

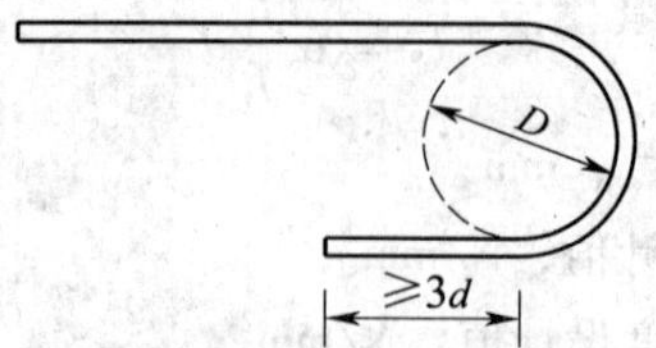

图 3—7　光面钢筋末端 180°弯钩平直部分的长度

二、钢筋混凝土结构的配筋

1. 梁配筋的构造要求

钢筋混凝土梁配筋如图 3—8 所示。

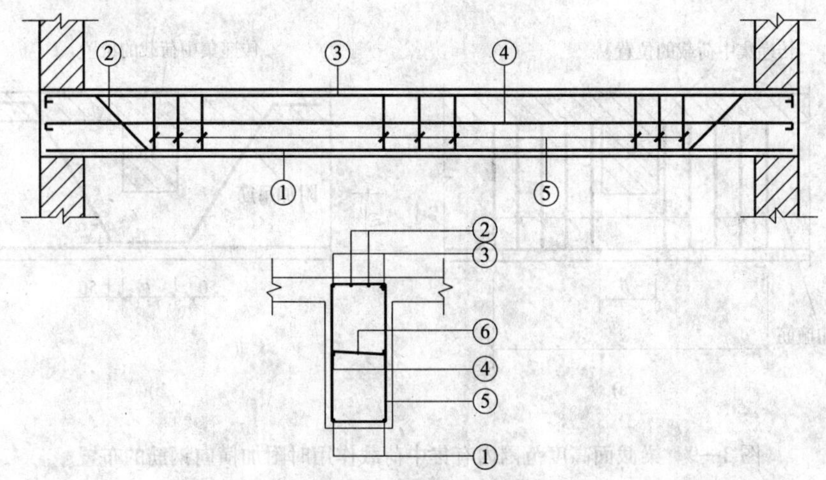

图 3—8 钢筋混凝土梁配筋

①纵向受力钢筋 ②弯起钢筋 ③架立钢筋 ④侧面构造钢筋 ⑤箍筋 ⑥拉筋

（1）梁内纵向受力钢筋。钢筋混凝土梁内纵向受力钢筋的直径，当梁高 $h \geqslant 300$ mm 时，应不小于 10 mm；当梁高 $h < 300$ mm 时，应不小于 8 mm。梁上部纵向钢筋外边缘之间的最小距离应不小于 30 mm 和 1.5d（d 为钢筋的最大直径）；下部纵向钢筋水平方向的净间距应不小于 25 mm 和 d。伸入梁支座范围内的纵向受力钢筋根数，当梁宽 $b \geqslant 100$ mm 时，不宜少于两根；当梁宽 $b < 100$ mm 时，可为一根。

钢筋混凝土梁中，当采用弯起钢筋承受剪力时，其弯起角度宜取 45°或 60°；在弯起钢筋的弯起终点外应留有平行于梁轴线方向的锚固长度，在受拉区应不小于 20d，在受压区应不小于 10d，此处 d 为弯起钢筋的直径；梁底层钢筋中的角部钢筋不应弯起，顶层钢筋中的角部钢筋不应弯下。

钢筋混凝土悬臂梁中，应有不少于两根的上部钢筋伸至悬臂梁外端，并向下弯折不小于 12d，其余钢筋不应在梁的上部截断。

（2）梁内箍筋。支撑在砌体结构上的钢筋混凝土独立梁，在纵向受力钢筋的锚固长度范围内应配置不少于两个箍筋，其直径不宜小于纵向受力钢筋最大直径的 0.25 倍，间距不宜大于纵向受力钢筋最小直径的 10 倍。梁中箍筋的最小直径，当梁高 $h > 800$ mm 时，其箍筋直径不宜小于 8 mm；当梁高 $h \leqslant 800$ mm，其箍筋直径不宜小于 6 mm。当梁中配有计算需要的纵向受压钢筋时，箍筋直径应不小于纵向受压钢筋最大直径的 0.25 倍。梁中箍筋的最大间距应符合表 3—6 的规定。

表 3—6　　梁中箍筋的最大间距　　mm

梁高 h	箍筋的最大间距	梁高 h	箍筋的最大间距
150 ~ 300	150 ~ 200	500 ~ 800	250 ~ 350
300 ~ 500	200 ~ 300	大于 800	300 ~ 500

位于梁下部或梁截面高度范围内的集中荷载，应全部由附加横向钢筋（箍筋、吊筋）承担，附加横向钢筋宜采用箍筋。箍筋应不布置在长度为 s 的范围内，此处 $s=2h_1+3b$（见图3—9）。当采用吊筋时，其弯起段应伸至梁上边缘，且末端水平段长度应不小于规范规定值。

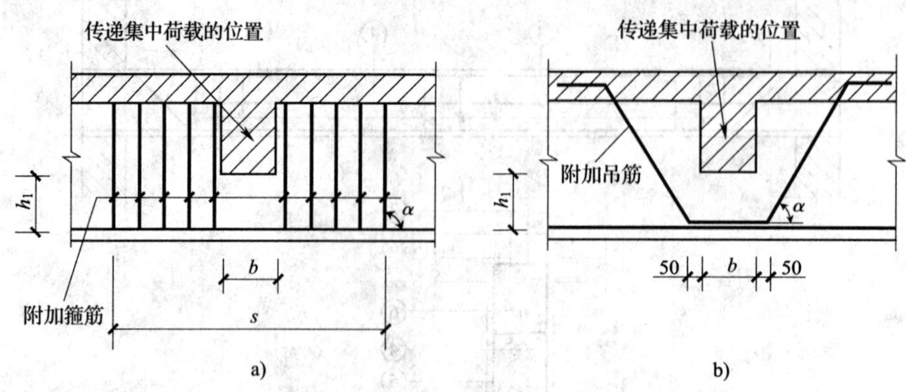

图 3—9　梁截面高度范围内有集中荷载作用时附加横向钢筋的布置

a）附加箍筋　b）附加吊筋

（3）梁内架立钢筋③。梁内架立钢筋的直径，当梁的跨度小于 4 m 时，不宜小于 8 mm；当梁的跨度为 4 ~6 m 时，不宜小于 10 mm；当梁的跨度大于 6 m 时，不宜小于 12 mm。

（4）梁侧面构造钢筋④。如图 3—10 所示，当梁的腹板高度 $h_w \geqslant 450$ mm 时，在梁的两侧面应沿高度方向配置纵向构造钢筋，每侧纵向构造钢筋（不包括梁上、下部受力钢筋及架立钢筋）的截面积应不小于腹板截面积 bh_w 的 0.1%（b 为腹板宽度），且其间距不宜大于 200 mm。

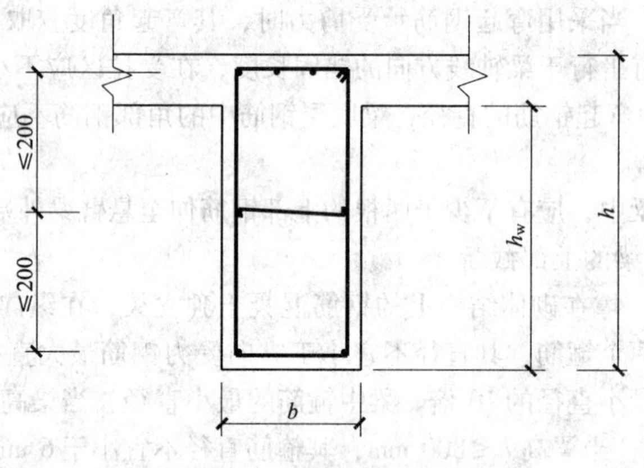

图 3—10　梁侧面构造钢筋

2．板配筋的构造要求

混凝土单向板、双向板的划分：两对边支撑的板为单向板，当长边与短边长度之比小于 3.0 时为双向板，当长边与短边长度之比大于或等于 3.0 时为单向板。

当多跨单向板、多跨双向板采用分离式配筋时，跨中正弯矩钢筋宜全部伸入支座，支座负弯矩钢筋向跨内的延伸长度应满足钢筋锚固的要求。

（1）受力钢筋的锚固。简支板或连续板下部纵向受力钢筋伸入支座的锚固长度应不小于5d（d为下部纵向受力钢筋的直径）。当连续板内温度应力、收缩应力较大时，伸入支座的锚固长度宜适当增加。

（2）板中受力钢筋的间距见表3—7。

表3—7　　板中受力钢筋的间距　　mm

板厚	钢筋间距
$h \leqslant 150$	≤200
$h > 150$	$\leqslant 1.5h$，且≤300

（3）上部构造钢筋。当现浇板的受力钢筋与梁平行时，应沿梁长度方向配置间距不大于200 mm且与梁垂直的上部构造钢筋，其直径不宜小于8 mm，且单位长度内的总截面积不宜小于板中单位宽度内受力钢筋截面积的1/3。该构造钢筋伸入板内的长度从梁边算起，每边不宜小于板计算跨度l_0的1/4（见图3—11）。

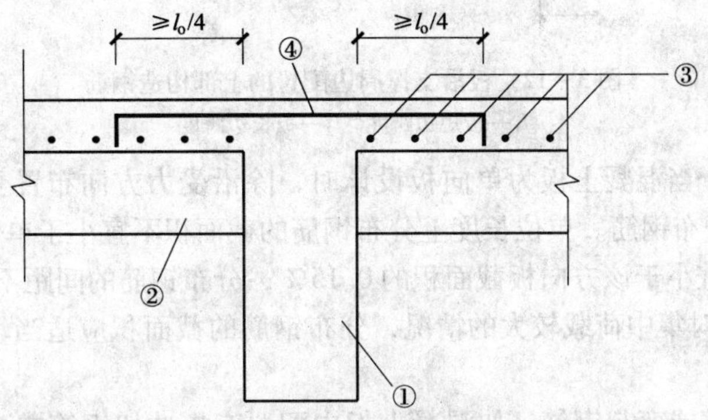

图3—11　现浇板中与梁垂直的构造钢筋

①主梁　②次梁　③板的受力钢筋　④上部构造钢筋

对与支撑结构整体浇筑或嵌固在承重砌体墙内的现浇混凝土板，应沿支撑周边配置上部构造钢筋，其直径不宜小于8 mm，间距不宜大于200 mm，并应符合下列规定：

现浇楼盖周边与混凝土梁或混凝土墙整体浇筑的单向板或双向板，应在板边上部设置垂直于板边的构造钢筋，其截面积不宜小于板跨中相应方向纵向钢筋截面积的三分之一；该钢筋自梁边或墙边伸入板内的长度，在单向板中不宜小于受力方向板计算跨度的五分之一，在双向板中不宜小于板短跨方向计算跨度的四分之一；在板角处该钢筋应沿两个垂直方向布置或按放射状布置；当柱角或墙的阳角凸出到板内且尺寸较大时，也应沿柱边或墙的阳角布置构造钢筋，该构造钢筋伸入板内的长度应从柱边或墙边算起。上述上部构造钢筋应按受拉钢筋锚固在梁内、墙内或柱内。

嵌固在砌体墙内的现浇混凝土板，其上部与板边垂直的构造钢筋伸入板内的长度，从墙边算起不宜小于板短边跨度的七分之一；在两边嵌固于墙内的板角部分，应配置双向上部构造钢筋，该钢筋伸入板内的长度从墙边算起不宜小于板短边跨度的四分之一，如图3—12所示；沿板的受力方向配置的上部构造钢筋，其截面积不宜小于该方向跨中受力钢筋截面积的三分之一；沿非受力方向配置的上部构造钢筋，可根据经验适当减小截面积。

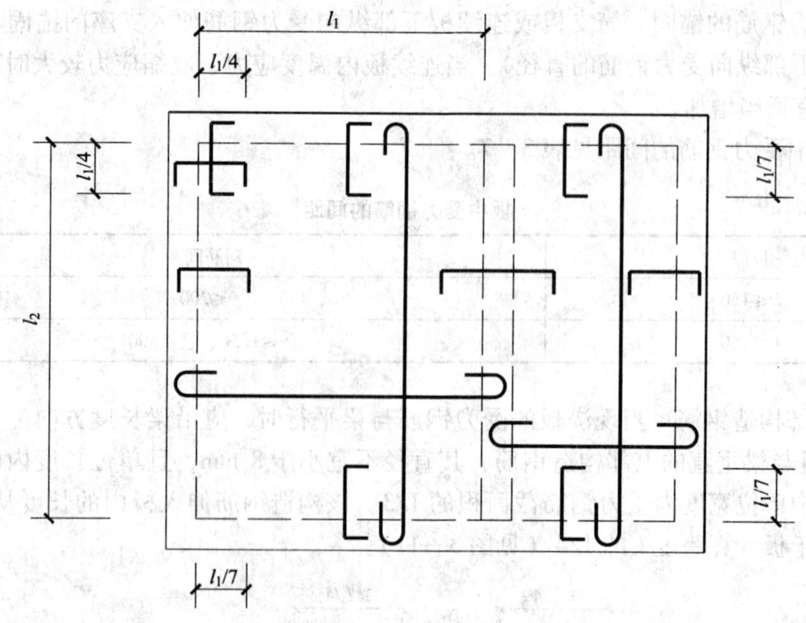

图 3—12　板沿支撑周边配置的上部构造钢筋

l_1—板短边跨度　l_2—板长边跨度

（4）分布钢筋。当混凝土板为单向板设计时，除沿受力方向布置受力钢筋外，还应在垂直受力方向布置分布钢筋。单位长度上分布钢筋的截面积不宜小于单位宽度上受力钢筋截面积的 15%，且不宜小于该方向板截面积的 0.15%；分布钢筋的间距不宜大于 250 mm，直径不宜小于 6 mm；对集中荷载较大的情况，分布钢筋的截面积应适当增加，其间距不宜大于 200 mm。

（5）抗冲切钢筋或弯起钢筋。如混凝土板中配置有抗冲切钢筋或弯起钢筋时，应符合下列构造要求：板的厚度应不小于 150 mm；按计算所需的箍筋应配置在与 45°冲切破坏锥面相交的范围内，且从集中荷载作用面或柱截面边缘向外的分布长度不应小于 $1.5h_0$；箍筋应做成封闭式，直径应不小于 6 mm，间距应不大于 $h_0/3$；按计算所需弯起钢筋的弯起角度可根据板的厚度在 30° ~45°之间选取；弯起钢筋的倾斜段应与冲切破坏锥面相交，其交点应在集中荷载作用面或柱截面边缘以外（1/2 ~2/3）h 的范围内。弯起钢筋直径不宜小于 12 mm，且每一方向不宜少于 3 根，如图 3—13 所示。

对卧置于地基上的基础筏板，当板厚 $h>2$ m 时，除应沿板的上、下表面布置纵、横方向的钢筋外，还应沿板厚方向设置与板面平行的构造钢筋网片，间距不超过 1 m，其直径不宜小于 12 mm，纵横方向的间距不宜大于 200 mm。

3．柱配筋的构造要求

（1）柱中纵向受力钢筋。纵向受力钢筋的直径不宜小于 12 mm，全部纵向受力钢筋的配筋率不宜大于 5%；圆柱中纵向受力钢筋宜沿周边均匀布置，根数不宜少于 8 根，且不应少于 6 根。柱中纵向受力钢筋的净间距应不小于 50 mm；水平浇筑的预制柱，其纵向受力钢筋的最小净间距可按梁的纵向钢筋净间距规定取用。偏心受压柱中垂直于弯矩作用平面的侧面上的纵向受力钢筋以及轴心受压柱中各边的纵向受力钢筋，其中心距不宜大于 300 mm，如图 3—14 所示。

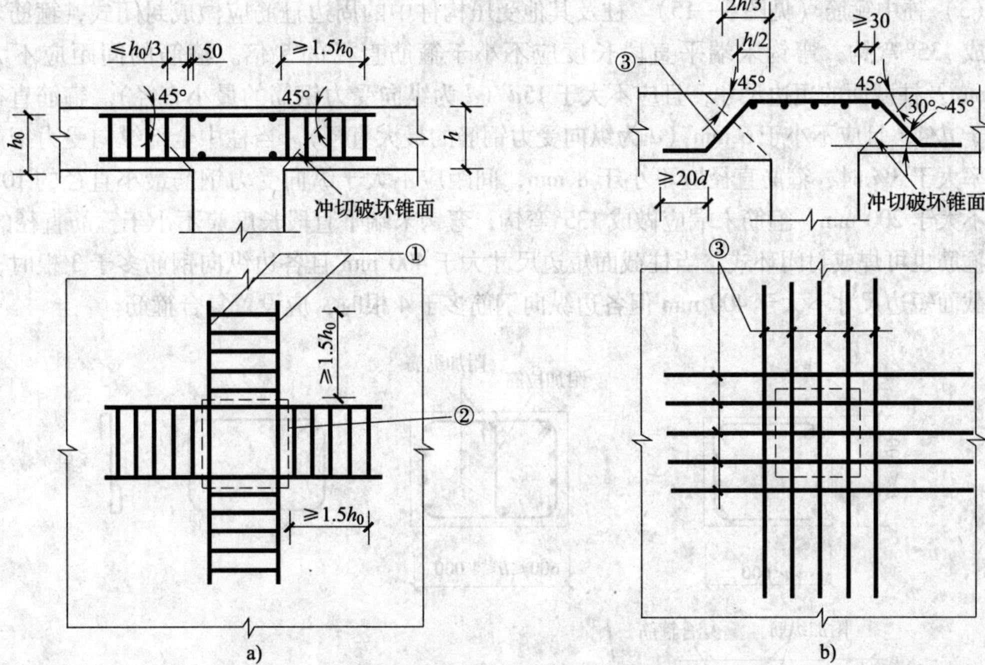

图 3—13　板中抗冲切钢筋布置

a）用箍筋作抗冲切钢筋　b）用弯起钢筋作抗冲切钢筋

①架立钢筋　②箍筋　③弯起钢筋

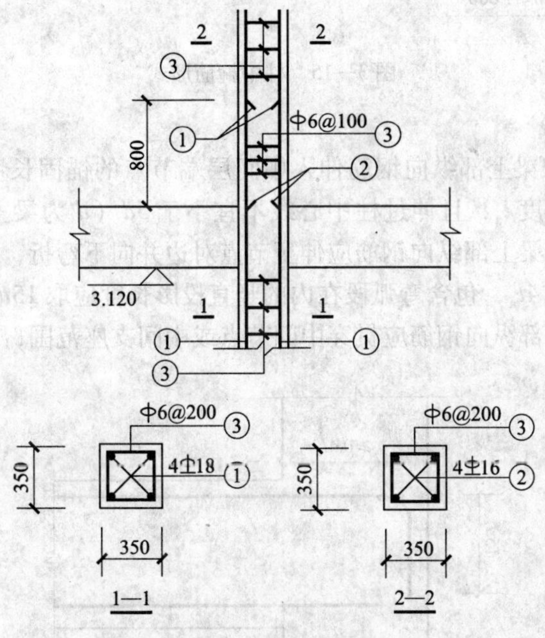

图 3—14　钢筋混凝土柱配筋

①、②纵向受力钢筋　③箍筋

（2）柱中构造钢筋。当偏心受压柱的截面高度 $h \geqslant 600$ mm 时，在柱的侧面上应设置直径为 10 ~ 16 mm 的纵向构造钢筋，并相应设置复合箍筋或拉筋。

（3）柱中箍筋（见图3—15）。柱及其他受压构件中的周边箍筋应做成封闭式，箍筋末端应做成135°弯钩，弯钩末端平直段长度应不小于箍筋直径的5倍。箍筋的间距应不大于400 mm及柱截面的短边尺寸，且应不大于15d（d为纵向受力钢筋的最小直径）。箍筋直径应不小于$d/4$，且应不小于6 mm（d为纵向受力钢筋的最大直径）。当柱中全部纵向受力钢筋的配筋率大于3%时，箍筋直径应不小于8 mm，间距应不大于纵向受力钢筋最小直径的10倍，且应不大于200 mm；箍筋末端应做成135°弯钩，弯钩末端平直段长度应不小于箍筋直径的10倍；箍筋也可焊成封闭环式。当柱截面短边尺寸大于400 mm且各边纵向钢筋多于3根时，或当柱截面短边尺寸不大于400 mm但各边纵向钢筋多于4根时，应设置复合箍筋。

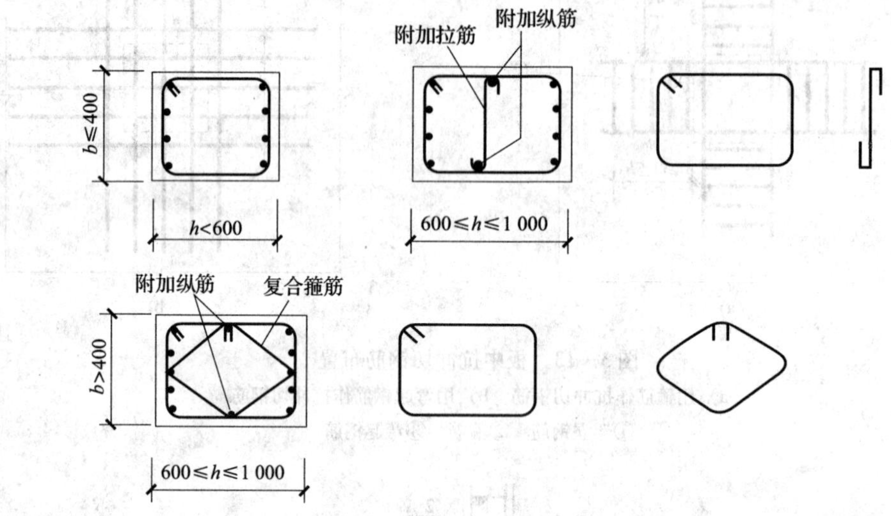

图3—15　柱中箍筋形式

4．梁柱节点

（1）梁节点。框架梁上部纵向钢筋伸入中间层端节点的锚固长度，当采用直线锚固形式时，应不小于锚固长度l_a，且伸过柱中心线不宜小于5d（d为梁上部纵向钢筋的直径）。当柱截面尺寸不足时，梁上部纵向钢筋应伸至节点对边并向下弯折，其包含弯弧段在内的水平投影长度应不小于0.4l_a，包含弯弧段在内的竖直投影长度应取15d，如图3—16所示。

框架梁或连续梁上部纵向钢筋应贯穿中间节点或中间支座范围，如图3—17所示。

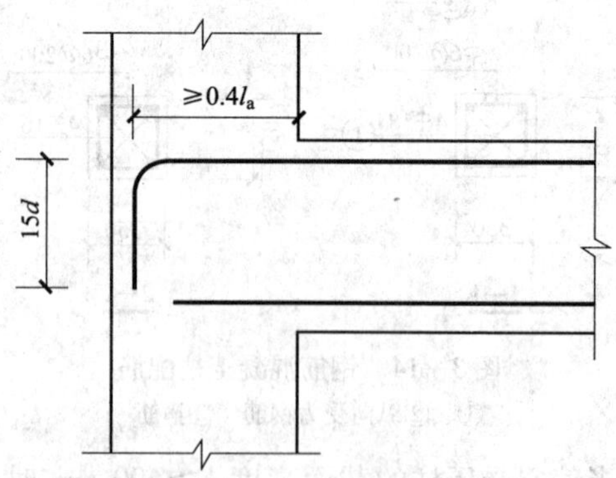

图3—16　梁上部纵向钢筋在框架中间层端节点内的锚固

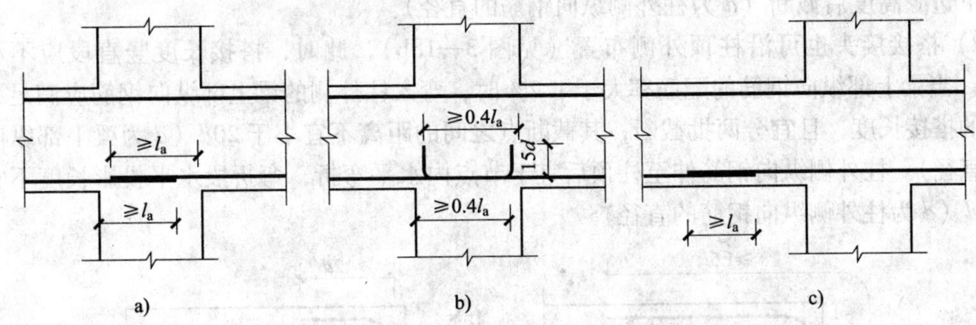

图 3—17　梁上部纵向钢筋在中间节点或支座范围内（外）的锚固与搭接

a）节点中的直线锚固　b）节点中的弯折锚固　c）节点或支座范围外的搭接

框架梁或连续梁下部纵向钢筋在中间节点或支座处应满足下列锚固要求：当计算中不利用该钢筋的强度时，其伸入节点或支座的锚固长度，对于带肋钢筋不小于 12d，对于光面钢筋不小于 15d。当计算中充分利用该钢筋的抗拉强度时，下部纵向钢筋应锚固在节点或支座内。此时可采用直线锚固形式，钢筋的锚固长度应不小于式（3—1）确定的受拉钢筋锚固长度。下部纵向钢筋也可采用 90°弯折的锚固形式。其中，竖直段可向上弯折，锚固端的水平投影长度及竖直投影长度不应小于前述规定。下部纵向钢筋也可伸过节点或支座范围，并在梁中弯矩较小处设置搭接接头。当计算中充分利用钢筋的抗压强度时，下部纵向钢筋应按受压钢筋锚固在中间节点或中间支座内，此时，其直线锚固长度应不小于 $0.7l_a$。下部纵向钢筋也可伸过节点或支座范围，并在梁中弯矩较小处设置搭接接头。

（2）柱节点。框架柱的纵向钢筋应贯穿中间层中间节点和中间层端节点，柱纵向钢筋接头应设在节点区以外。

顶层中间节点的柱纵向钢筋及顶层端节点的内侧柱纵向钢筋可用直线方式锚入顶层节点，其自梁底标高算起的锚固长度应不小于式（3—1）确定的锚固长度，且柱纵向钢筋必须伸至柱顶。当顶层节点处梁截面高度不足时，柱纵向钢筋应伸至柱顶并向节点内水平弯折。当充分利用柱纵向钢筋的抗拉强度时，柱纵向钢筋锚固段弯折前的竖直投影长度应不小于 $0.5l_a$，弯折后的水平投影长度不宜小于 12d。当柱顶有现浇板且板厚不小于 80 mm、混凝土强度等级不低于 C20 时，柱纵向钢筋也可向外弯折，弯折后的水平投影长度不宜小于 12d（d 为纵向钢筋的直径）。

框架顶层端节点处，可将柱外侧纵向钢筋的相应部分弯入梁内作梁上部纵向钢筋使用，也可将梁上部纵向钢筋与柱外侧纵向钢筋在顶层端节点及其附近部位搭接。搭接可采用下列方式：

1）搭接接头可沿顶层端节点外侧及梁端顶部布置（见图 3—18a），搭接长度应不小于 $1.5l_a$（l_a 为锚固长度），其中，伸入梁内的外侧柱纵向钢筋截面积不宜小于外侧柱纵向钢筋全部截面积的 65%；梁宽范围以外的外侧柱纵向钢筋宜沿节点顶部伸至柱内边，当柱纵向钢筋位于柱顶第一层时，至柱内边后宜向下弯折不小于 8d 后截断；当柱纵向钢筋位于柱顶第二层时，可不向下弯折。当有现浇板且板厚不小于 80 mm、混凝土强度等级不低于 C20 时，梁宽范围以外的外侧柱纵向钢筋可伸入现浇板内，其长度与伸入梁内的柱纵向钢筋相同。当外侧柱纵向钢筋配筋率大于 1.2% 时，伸入梁内的柱纵向钢筋应满足以上规定，且宜分两批截断，其截断点之间的距离不宜小于 20d。梁上部纵向钢筋应伸至节点外侧并向下弯至梁下边缘高度后截断（d 为柱外侧纵向钢筋的直径）。

2）搭接接头也可沿柱顶外侧布置（见图 3—18b），此时，搭接长度竖直段应不小于 $1.7l_a$。当梁上部纵向钢筋的配筋率大于 1.2% 时，弯入柱外侧的梁上部纵向钢筋应满足以上规定的搭接长度，且宜分两批截断，其截断点之间的距离不宜小于 $20d$（d 为梁上部纵向钢筋的直径）。柱外侧纵向钢筋伸至柱顶后宜于节点内水平弯折，弯折段水平投影长度不宜小于 $12d$（d 为柱外侧纵向钢筋的直径）。

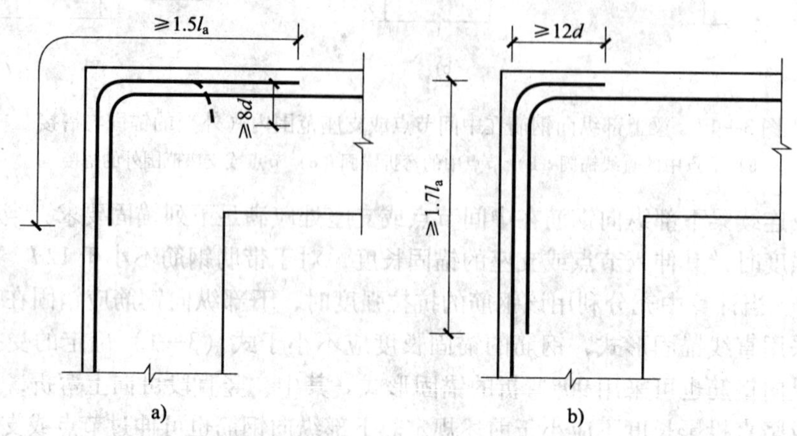

图 3—18　梁上部纵向钢筋与柱外侧纵向钢筋在顶层端节点的搭接

a）端节点外侧和梁端顶部的弯折搭接接头　b）位于柱顶部外侧的直线搭接接头

梁上部纵向钢筋与柱外侧纵向钢筋在节点角部的弯弧内半径，当钢筋直径 $d \leqslant 25$ mm 时，不宜小于 $6d$；当钢筋直径 $d > 25$ mm 时，不宜小于 $8d$。

在框架节点内应设置水平箍筋，箍筋间距不宜大于 250 mm。对四边均有梁与之相连的中间节点，节点内可只设置沿周边的矩形箍筋。当顶层端节点内设有梁上部纵向钢筋与柱外侧纵向钢筋搭接接头时，节点内水平箍筋应满足前述规定。

5. 墙配筋的构造要求

剪力墙墙肢配筋如图 3—19 所示。

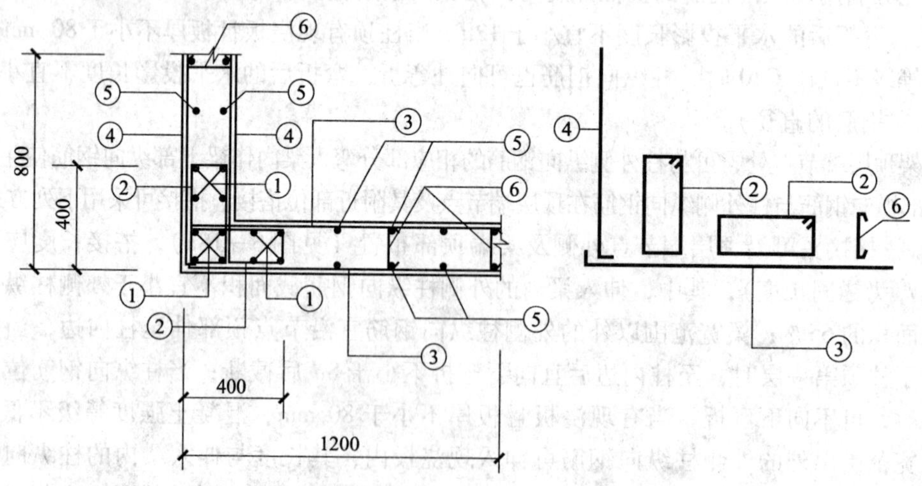

图 3—19　剪力墙墙肢配筋

①受力钢筋　②箍筋　③、④水平分布钢筋　⑤竖向分布钢筋　⑥拉筋

（1）墙受力钢筋。剪力墙墙肢两端应配置竖向受力钢筋，每端的竖向受力钢筋，不宜少于4根直径为12 mm的钢筋或2根直径为16 mm的钢筋；沿该竖向钢筋方向宜配置直径不小于6 mm、间距为250 mm的拉筋。剪力墙洞口上、下两边的水平纵向钢筋，应不少于2根直径不小于12 mm的钢筋；钢筋截面积分别不宜小于洞口截断的水平分布钢筋总截面积的一半。

（2）墙水平及竖向分布钢筋。钢筋混凝土剪力墙水平及竖向分布钢筋的直径应不小于8 mm，间距应不大于300 mm。厚度大于160 mm的剪力墙应配置双排分布钢筋网，双排分布钢筋网应沿墙的两个侧面布置，且应采用拉结筋，而拉结筋直径不宜小于6 mm，间距不宜大于600 mm。剪力墙水平分布钢筋应伸至墙端，并向内水平弯折10d后截断（d为水平分布钢筋直径）。当剪力墙端部有翼墙或转角墙时，内墙两侧的水平分布钢筋和外墙内侧的水平分布钢筋应伸至翼墙或转角墙外边，并分别向两侧水平弯折后截断，其水平弯折长度不宜小于15d。在转角墙处，外墙外侧的水平分布钢筋在墙端外角处弯入翼墙，并与翼墙外侧水平分布钢筋搭接。剪力墙水平分布钢筋的搭接长度应不小于纵向受拉钢筋锚固长度的1.2倍。同排水平分布钢筋的搭接接头之间以及上、下相邻水平分布钢筋的搭接接头之间，沿水平方向的净距不宜小于500 mm。剪力墙竖向分布钢筋可在同一高度搭接，搭接长度不应小于纵向受拉钢筋锚固长度的1.2倍。

（3）剪力墙洞口连梁。剪力墙洞口连梁应沿全长配置箍筋，箍筋直径不宜小于6 mm，间距不宜大于150 mm。在顶层洞口连梁纵向钢筋伸入墙内的锚固长度范围内应设置间距不大于150 mm的箍筋，箍筋直径宜与该连梁跨内箍筋直径相同。同时，门窗洞口边的竖向钢筋应按受拉钢筋锚固在顶层连梁高度范围内。

6. 悬挑构件配筋的构造要求

建筑工程中常见的钢筋混凝土雨篷、挑檐等是具有代表性悬挑构件。

（1）雨篷。雨篷由雨篷板和雨篷梁两部分组成。雨篷梁一方面支撑雨篷板，另一方面又兼作门过梁，除承受自重及雨篷板传来的荷载外，还承受着上部墙体的重量以及楼面梁、板可能传来的荷载。雨篷可能发生的破坏有雨篷板根部受弯断裂，雨篷梁受弯剪扭破坏和整体雨篷倾覆破坏三种形式。

为避免雨篷可能发生的破坏，对雨篷应进行雨篷板的受弯承载力计算、雨篷梁弯剪扭承载力计算、雨篷整体倾覆验算，以及采取相应的构造设计措施。

1）雨篷板。雨篷板通常都做成变厚度板，根部厚度h按不小于$l/12$估算，且当现浇雨篷板的悬臂长度$l \leqslant 500$ mm时，h应不小于60 mm；现浇雨篷板的悬臂长度$l > 500$ mm时，h应不小于80 mm，而端部厚度不小于50 mm。

雨篷板的受力钢筋应布置在板的上部，伸入雨篷梁的长度应满足受拉钢筋锚固长度的要求。分布钢筋应布置在受力钢筋的内侧。

2）雨篷梁。雨篷梁的宽度一般与墙厚相同，梁高应符合砖的模数。为防止雨水沿墙缝渗入墙内，通常在梁顶设置高过板顶60 mm的凸块。雨篷梁嵌入墙内的支撑长度应不小于370 mm。雨篷梁的配筋按弯剪扭构件计算配置纵筋和箍筋，雨篷梁的箍筋必须满足抗扭箍筋要求。

（2）挑檐。挑檐板的受力与雨篷板相似，需要注意的是挑檐板挑出部分转角处的配筋，转角处须配置上下层加固钢筋，或设置放射状附加构造负筋。悬臂雨篷（或挑檐）板有时带构造翻边，注意不能误认为是边梁，这时应考虑积水荷载对翻边的作用。当为竖直翻边时，积水将对其产生向外的推力，翻边的钢筋应置于靠近积水的内侧，且在内折角处钢筋应有良好的锚固；但当为斜翻边时，由于斜翻边自身质量产生的力矩使其有向内倾倒的趋势，故翻边钢筋应置于外侧，且应弯入平板一定长度。

练习题

一、填空题（将正确答案写在横线上）

1. 混凝土保护层厚度是指________的外边缘至________外边缘的距离。

2. 钢筋的接头形式通常采用________、________、________。

3. 受力钢筋接头的位置应相互________。

4. 光面钢筋末端弯钩，其圆弧弯曲直径 D 应不小于钢筋直径 d 的________倍，平直部分的长度不宜小于钢筋直径 d 的________倍。

二、选择题（将正确答案的代号写在括号内）

1. 采用绑扎接头的Ⅱ级受拉钢筋，钢筋绑扎接头的最小搭接长度为（　　）。

A. $30d$　　B. $20d$　　C. $35d$　　D. $40d$

2. 钢筋焊接接头距钢筋弯曲处应不小于钢筋直径的（　　）倍。

A. 10　　B. 15　　C. 20　　D. 25

3. 当梁高 $h \geqslant 300$ mm 时，梁内纵向受力钢筋的直径应不小于（　　）mm。

A. 10　　B. 20　　C. 30　　D. 40

4. 当梁高 $h \leqslant 800$ mm 时，梁内箍筋直径不宜小于（　　）mm。

A. 6　　B. 10　　C. 12　　D. 22

5. 悬挑梁（板）的受力钢筋配置在梁（板）截面的（　　）位置。

A. 上部　　B. 中部　　C. 下部　　D. 任意

6. 现浇板中与梁垂直的上部构造钢筋伸入板内的长度从梁边算起每边不宜小于板计算跨度 l_0 的（　　）。

A. 1/2　　B. 1/3　　C. 1/4　　D. 1/7

7. 柱中纵向受力钢筋的配筋率不宜大于（　　）。

A. 5%　　B. 6%　　C. 8%　　D. 10%

8. 简支板或连续板下部纵向钢筋伸入支座的锚固长度应不小于（　　）。

A. $2d$　　B. $5d$　　C. $8d$　　D. $10d$

9. 梁每侧纵向构造钢筋的截面积，应不小于腹板截面积的（　　）。

A. 0.1%　　B. 0.2%　　C. 0.3%　　D. 0.4%

10. 当钢筋直径 $d \leqslant 25$ mm 时，梁上部纵向钢筋与柱外侧纵向钢筋在节点角部的弯弧内半径不宜小于（　　）。

A. $2d$　　B. $4d$　　C. $6d$　　D. $8d$

11. 当钢筋直径 $d > 25$ mm 时，梁上部纵向钢筋与柱外侧纵向钢筋在节点角部的弯弧内半径不宜小于（　　）。

A. $2d$　　B. $4d$　　C. $6d$　　D. $8d$

12. 梁上部纵向钢筋与柱外侧纵向钢筋在顶层端节点及其附近部位搭接接头可沿顶层端节点外侧及梁端顶部布置，搭接长度应不小于锚固长度的（　　）倍。

A. 1.2　　B. 1.5　　C. 1.7　　D. 2.0

13. 梁上部纵向钢筋与柱外侧纵向钢筋在顶层端节点及其附近部位搭接接头也可沿柱顶外侧布置，搭接长度竖直段应不小于锚固长度的（　　）倍。

A. 1.2　　B. 1.5　　C. 1.7　　D. 2.0

14. 如混凝土板中配置有抗冲切钢筋或弯起钢筋时，板的厚度应不小于（　　）mm。

A. 80　　B. 100　　C. 120　　D. 150

15. 如混凝土板中配置有抗冲切钢筋或弯起钢筋时，按计算所需的箍筋应配置在与（　　）冲切破坏锥面相交的范围内。

A. 30°　　B. 45°　　C. 60°　　D. 90°

第四单元　钢筋加工过程

模块一　钢 筋 配 料

知识技能要求

1. 能看懂钢筋配料单。
2. 理解钢筋弯曲调整值及弯钩增加长度的取值。
3. 熟悉一般常用钢筋下料长度的计算方法。
4. 能弄清结构件中较复杂部位的钢筋放样。

由于结构件的设计与规范要求不同，钢筋混凝土构件中的钢筋受结构件的类型、尺寸、配筋方式等影响，从而导致钢筋的形状、尺寸、数量等不尽相同。所以，在钢筋加工前要进行钢筋配料，即根据构件配筋图，先绘出各种形状和规格的单根钢筋简图并加以编号，然后分别计算钢筋下料长度和根数，填写配料单，申请加工。

一、钢筋的配置数量

1．混凝土保护层

钢筋混凝土构件中为了保护钢筋不被锈蚀及保证钢筋和混凝土共同工作，《混凝土结构设计规范》（GB 50010—2002）规定混凝土应设保护层。

在施工图上一般不标注混凝土保护层的厚度，其取值可按《混凝土结构设计规范》（GB 50010—2002）中有关纵向受力钢筋的混凝土保护层最小厚度（见表 3—1）及混凝土结构的环境类别（见表 3—2）确定。

2．钢筋的根数与间距

（1）梁、柱纵向钢筋

1）钢筋的根数。梁、柱纵向钢筋在其配筋图上直接标注有数量，所以能直观地从配筋图中统计出来。

如图 4—1 所示的柱平法施工图中，KZ1 有 4 根⏀22 的角筋、b 边共有 10 根⏀22 的纵向受力钢筋、h 边共有 8 根⏀20 的纵向受力钢筋。

如图 4—2 所示的现浇钢筋混凝土梁 L1 配筋图中，①、②、③、④、⑤号钢筋均为 2 根。

如图 4—3 所示的梁平法施工图中，KL2（2A）第一跨左、右支座上部钢筋均为 2 根⏀25 钢筋和 2 根⏀22 钢筋，第一跨下部纵向钢筋为 6 根⏀25 钢筋。

2）钢筋的间距。梁、柱纵向钢筋根数已注明，所以只需要计算其间距。《混凝土结构设计规范》（GB 50010—2002）对钢筋的间距有相应的规定。

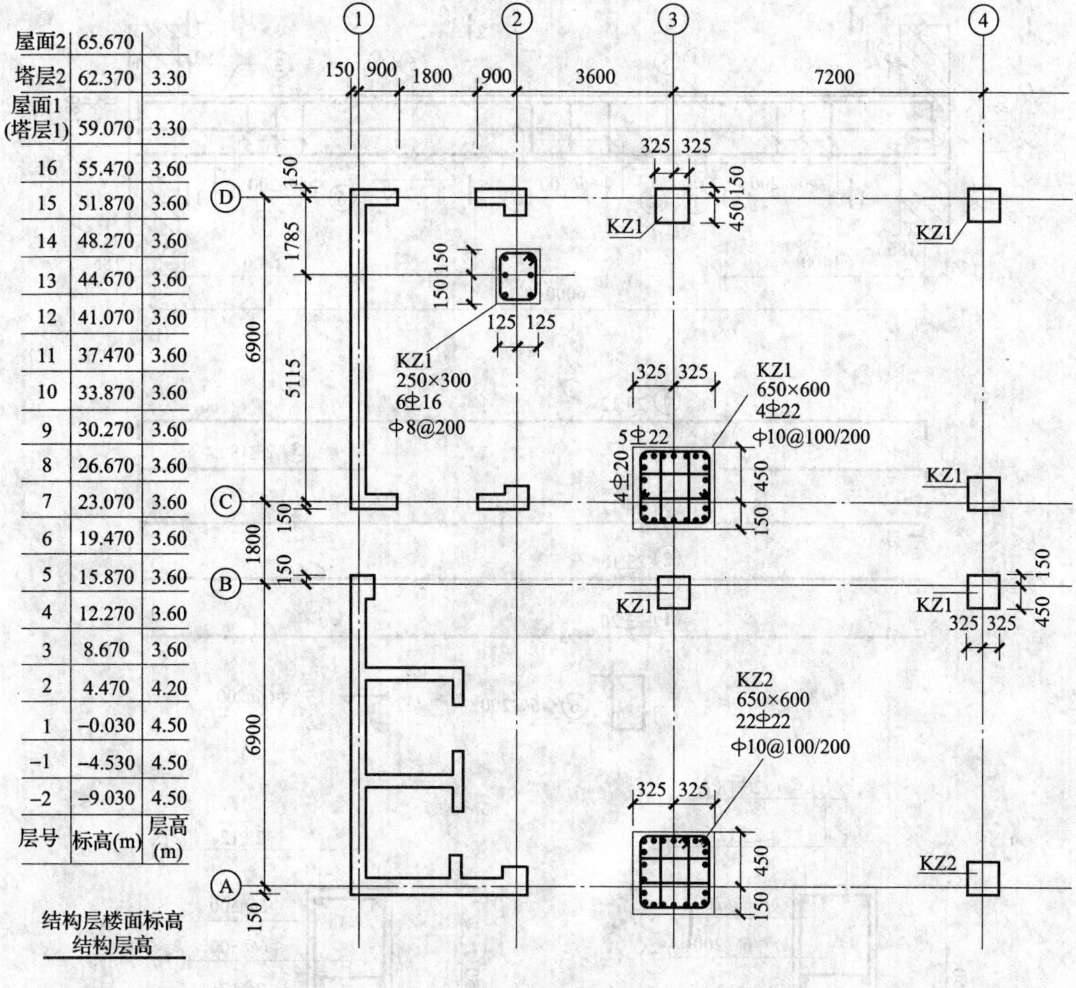

层号	标高(m)	层高(m)
屋面2	65.670	
塔层2	62.370	3.30
屋面1(塔层1)	59.070	3.30
16	55.470	3.60
15	51.870	3.60
14	48.270	3.60
13	44.670	3.60
12	41.070	3.60
11	37.470	3.60
10	33.870	3.60
9	30.270	3.60
8	26.670	3.60
7	23.070	3.60
6	19.470	3.60
5	15.870	3.60
4	12.270	3.60
3	8.670	3.60
2	4.470	4.20
1	−0.030	4.50
−1	−4.530	4.50
−2	−9.030	4.50

图 4—1　柱平法施工图

梁上部纵向钢筋外边缘之间的最小距离不应小于 30 mm 和 1.5d（d 为钢筋的最大直径），下部纵向钢筋水平方向的净间距不应小于 25 mm 和 d。当纵筋多排布置时，必须上下对齐，不得错缝排列。梁的下部纵向钢筋配置多于两层时，两层以上钢筋水平方向的中距应比下面两层的中距增大一倍。各层钢筋之间的净间距不应小于 25 mm 和 d。

梁、柱纵向钢筋间距计算方法是：

$$s=\frac{b-2c-d}{n-1} \tag{4—1}$$

式中　s——纵向钢筋的间距，mm；

b——构件截面宽度，mm；

c——混凝土保护层厚度，mm；

d——同排纵筋直径之和，mm；

n——钢筋根数。

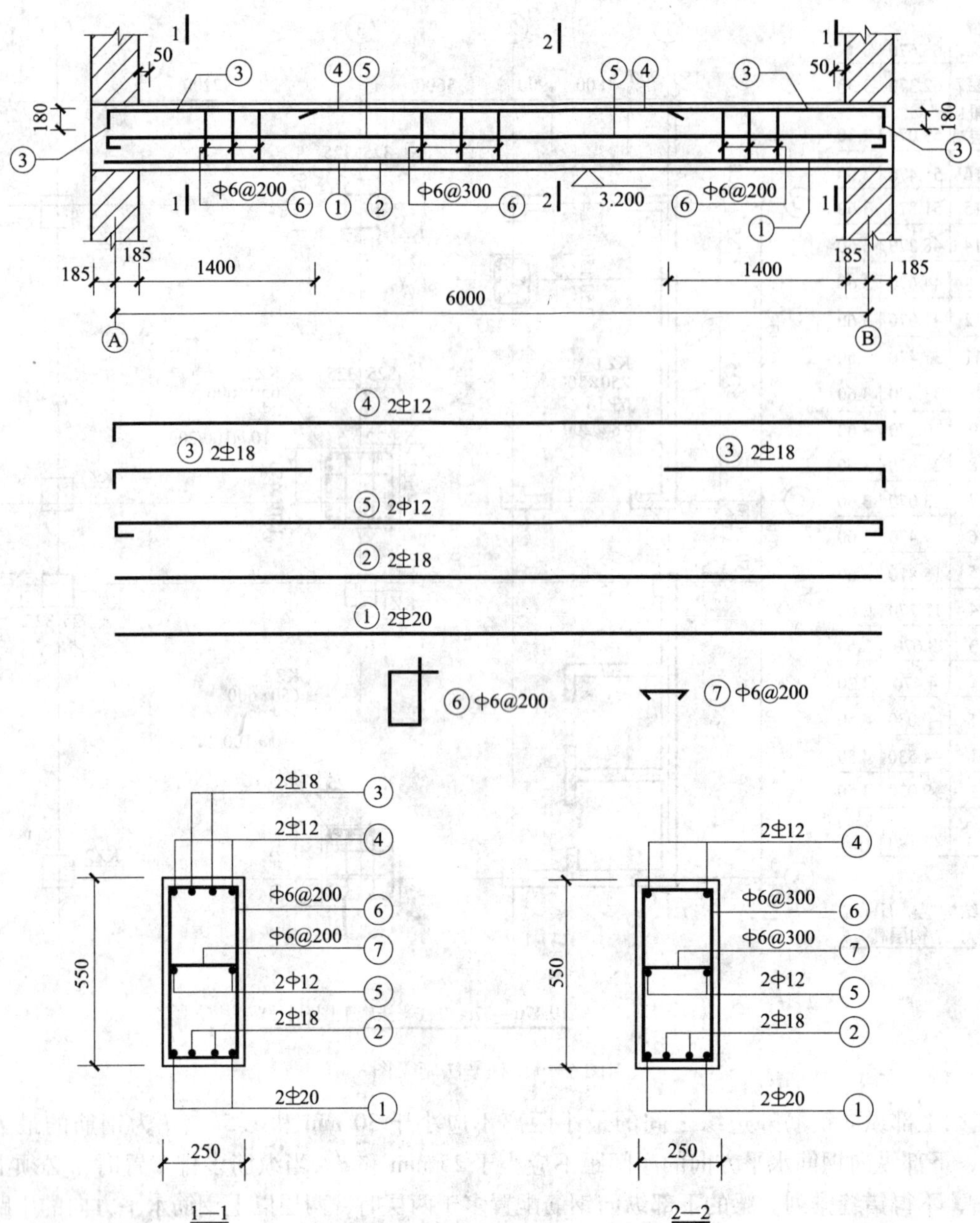

图 4—2 现浇钢筋混凝土梁 L1 配筋图

如图 4—2 所示的现浇钢筋混凝土梁 L1 中 2—2 截面下部纵向受力筋由同排的①、②号钢筋组成，假设混凝土保护层厚度为 25 mm，按式（4—1）计算相邻钢筋的间距 $s=(250-2\times25-2\times20-2\times18)/(4-1)=41.3$（mm）。

（2）板的钢筋。板的钢筋通常包括板底钢筋和板面钢筋。

1）钢筋的间距。在板的施工图上，都会把经过计算并满足规范要求的钢筋间距标出。

如图 4—4 所示的板 B1 配筋图上标注得很清楚，板底钢筋①ф10 间距 200 mm，②ф10 间距 200 mm；板面钢筋③ф6 间距 200 mm，④ф6 间距 200 mm。

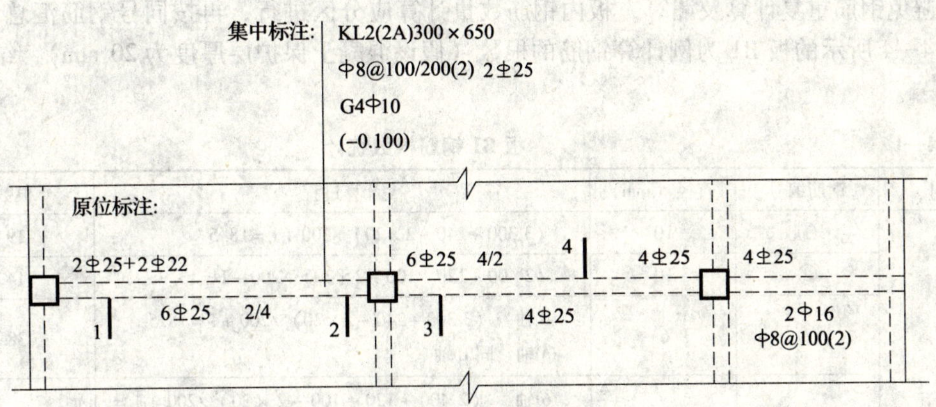

图 4—3 梁平法施工图

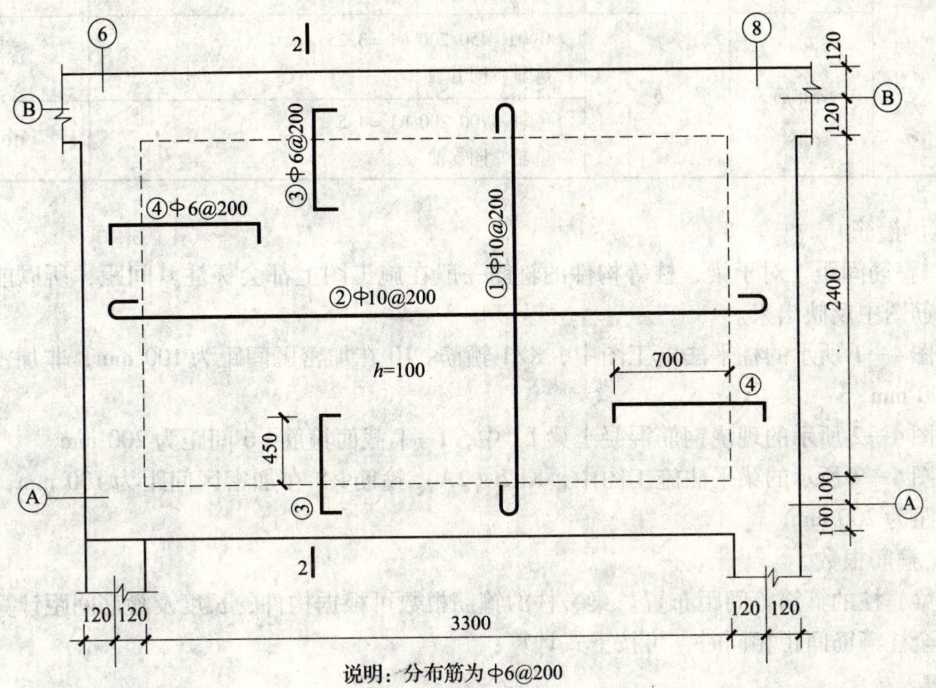

图 4—4 板 B1 配筋图

2）钢筋的根数。板内钢筋间距已注明，所以只需要计算其根数。

板内钢筋根数的计算方法是：

$$n = \frac{l - 2c}{s} + 1 \qquad (4—2)$$

式中 n——钢筋根数；

l——构件垂直于钢筋方向的长度，mm；

c——混凝土保护层厚度，mm；

s——纵向钢筋的间距，mm。

注：为保证钢筋间距，计算结果应取大值、取整数，如 7.4 取 8。

为避免钢筋重复计算及漏算，板内钢筋数量计算应分区进行，再按同号钢筋汇总计算。现以图 4—4 所示的板 B1 为例计算钢筋的根数（假设混凝土保护层厚度为 20 mm），结果填于表 4—1。

表 4—1 **板 B1 钢筋根数统计**

<table>
<tr><th>区间</th><th>钢筋编号</th><th>直径（mm）</th><th>计算过程</th><th>根数</th></tr>
<tr><td rowspan="6">⑥～⑧轴</td><td>①</td><td>10</td><td>（3 300 + 240 − 2 × 20）/200 + 1 = 18. 5</td><td>19</td></tr>
<tr><td>②</td><td>10</td><td>（2 400 + 120 + 100 − 2 × 20）/200 + 1 = 13. 9</td><td>14</td></tr>
<tr><td>③</td><td>6</td><td>Ⓑ轴　（3 300 + 240 − 2 × 20）/200 + 1 = 18. 5
Ⓐ轴　同Ⓑ轴</td><td>38</td></tr>
<tr><td>④</td><td>6</td><td>⑥轴　（2 400 + 120 + 100 − 2 × 20）/200 + 1 = 13. 9
⑧轴　同⑥轴</td><td>28</td></tr>
<tr><td rowspan="2">分布筋</td><td rowspan="2">6</td><td>Ⓑ轴　450/200 + 1 = 3. 25
Ⓐ轴　同Ⓑ轴</td><td>8</td></tr>
<tr><td>⑥轴　700/200 + 1 = 4. 5
⑧轴　同⑥轴</td><td>10</td></tr>
</table>

（3）箍筋

1）箍筋间距。对于梁、柱等构件的箍筋一般在施工图上都会标注其间距，所以能直观地从配筋图中反映出来。

如图 4—1 所示的柱平法施工图中，KZ1 箍筋Φ10 在加密区间距为 100 mm，非加密区间距为 200 mm。

如图 4—2 所示的现浇钢筋混凝土梁 L1 中，1—1 截面箍筋Φ6 间距为 200 mm。

如图 4—3 所示的梁平法施工图中，KL2（2A）箍筋Φ8 在加密区间距为 100 mm，非加密区间距为 200 mm。

2）箍筋根数

①梁、柱的箍筋等间距布置。梁、柱的箍筋根数可根据构件的长度及箍筋间距计算，当全梁或全柱箍筋间距相同时，可按下式计算：

$$n = \frac{l - 2c}{s} + 1 \qquad (4—3)$$

式中　n——钢筋根数；

l——构件纵向长度，mm；

c——混凝土保护层厚度，mm；

s——箍筋布置间距，mm。

注：为保证钢筋间距，计算结果应取大值、取整数，如 7. 4 取 8。

②梁、柱的箍筋设加密区进行分段布置。对于梁、柱的箍筋，有时为增加构件的抗剪能力，需要设置箍筋加密区，这时箍筋的根数应分段计算。

a. 加密区内箍筋根数 n_1。

$$n_1 = \frac{l_1}{s_1} + 1 \qquad (4—4)$$

式中　n_1——加密区范围内箍筋根数；

l_1——加密区长度，如在构件端部，应减去混凝土保护层厚度，mm；

s_1——加密区箍筋布置间距，mm。

b. 非加密区内箍筋根数 n_2，有两种情况。

当非加密区不在构件端部时：

$$n_2 = \frac{l_2}{s_2} - 1 \tag{4—5}$$

当非加密区在构件端部时：

$$n_2 = \frac{l_2}{s_2} \tag{4—6}$$

式中　n_2——非加密区范围内箍筋根数；

l_2——非加密区长度，如在构件端部，应减去混凝土保护层厚度，mm；

s_2——非加密区箍筋布置间距，mm。

c. 构件箍筋总数：

$$n = n_1 + n_2 \tag{4—7}$$

现以图4—2所示的现浇钢筋混凝土梁L1配筋图中的箍筋为例，假设混凝土保护层厚度为25 mm，计算箍筋Φ6的根数。

该梁的箍筋在两端设有加密区：

加密区长度 $l_1 = 1\ 400 + 185 \times 2 - 25 = 1\ 745$（mm），加密区内 $s_1 = 200$ mm；

非加密区长度 $l_2 = 6\ 000 - 1\ 400 \times 2 - 185 \times 2 = 2\ 830$（mm），非加密区内 $s_2 = 300$ mm。

所以　$n_1 = \frac{l_1}{s_1} + 1 = \frac{1\ 745}{200} + 1 = 9.7$，取10根；

$n_2 = \frac{l_2}{s_2} - 1 = 2\ 830/300 - 1 = 8.4$，取9根。

构件箍筋总数 $n = 2 \times n_1 + n_2 = 10 \times 2 + 9 = 29$ 根。

二、钢筋的下料长度

钢筋混凝土构件中的钢筋，由于设计及规范要求，有的需要将钢筋弯折一定角度，有的则要求在钢筋端头做各种角度的弯钩。这样，在加工钢筋时，若按照设计施工图中钢筋的标注尺寸逐段相加，以此值作为下料长度，那么加工成形后的钢筋长度尺寸是不合适的。造成钢筋下料长度与图上钢筋标注的轴线尺寸存在差异的原因主要有两个方面：

第一，钢筋设计尺寸标注方法的影响。施工图上标注的钢筋尺寸一般是其外皮尺寸（也有极少数标注的是里皮尺寸，如箍筋），而下料长度却是中心线尺寸。

如图4—5a所示的钢筋弯成直角，若设计时注写的是外皮尺寸（即钢筋外边缘之间的长度尺寸），则每边相对钢筋的中心线而言都多考虑了 $d/2$ 的长度，总长多了一个 d 的长度。若设计时注写的是里皮尺寸（即钢筋内边缘之间的长度尺寸），则总长就少量了一个 d 的长度。

第二，弯曲调整值的影响。将钢筋弯折一定角度时，例如90°，实际成形的钢筋并不是理想的直角（见图4—5a），而是一段圆弧（见图4—5 b）。钢筋弯曲后，外边缘伸长，内边缘缩短，而中心线不变，其中心线长度 $= a + b - d$，而实际成形长度 $= a + b - d + \overset{\frown}{cd} - (\overline{ce} +$

$\overline{ed}$）。很显然，$\widehat{cd} < \overline{ce} + \overline{ed}$，所以钢筋下料时应在该钢筋的标注尺寸或中心线尺寸上减去一个值，这个值称为弯曲调整值。弯曲调整值与弯弧内直径 D 有关，当 D 越大，它也就越大。

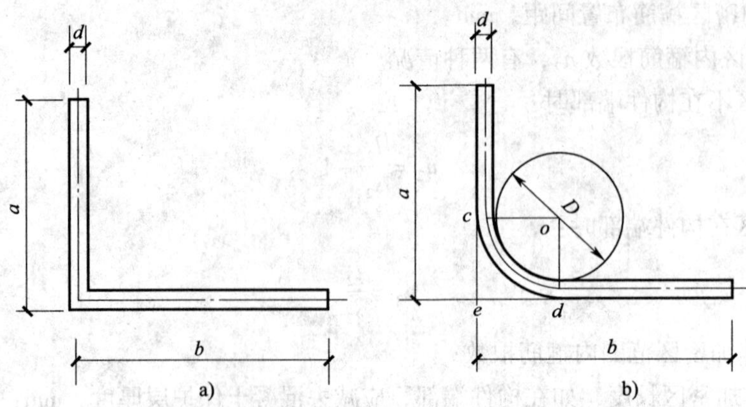

图 4—5　钢筋成形理想情况与实际情况

a）理想情况　b）实际情况

1. 钢筋弯曲调整值及弯钩增加长度

钢筋弯曲调整值是在按钢筋的标注尺寸计算出的长度值中应该扣除的值，钢筋直径及弯弧内直径不同时，它也不相同。

根据《混凝土结构工程施工质量验收规范》（GB 50204—2002）要求，对各种钢筋的弯钩和弯弧有如下规定：

（1）受力钢筋的弯钩和弯弧的规定

1）HPB235 级钢筋末端一般做 180°弯钩，弯弧内直径 D 应不小于钢筋直径 d 的 2.5 倍，弯钩的弯后平直部分长度应不小于钢筋直径 d 的 3 倍。

2）HRB335 级、HRB400 级钢筋，当设计要求钢筋末端做 135°弯钩时，$D=4d$，弯钩的弯后平直部分长度应符合设计要求（一般结构取 $5d$；对有抗震要求的结构，应不小于 $10d$）。

钢筋做不大于 90°的弯钩时，取 $D=5d$，弯后平直部分长度要求与做 135°弯钩时相同。

（2）箍筋的弯钩和弯弧的规定。除焊接封闭环式箍筋外，箍筋末端应做弯钩，弯钩形式应符合设计要求，如图 4—6 所示，当无具体设计要求时，应按以下规定采用。

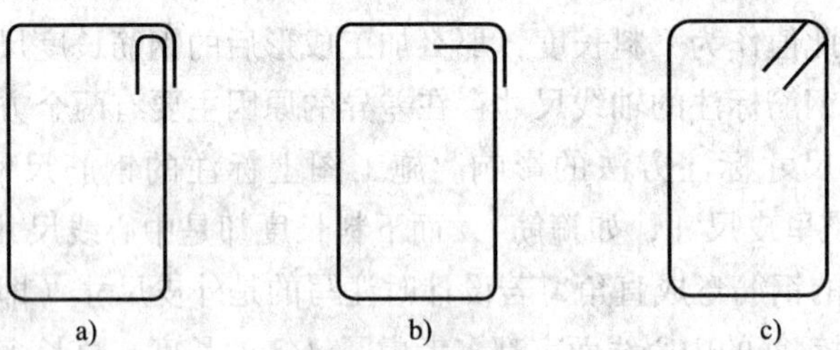

图 4—6　箍筋弯钩形式

a）90°/180°　b）90°/90°　c）135°/135°

箍筋弯钩的弯弧内直径，除应满足上述受力钢筋的规定外，还应不小于受力钢筋直径。

箍筋弯钩的弯折角度，一般结构应不小于 90°，有抗震要求的结构应为 135°。

箍筋弯后平直部分的长度，一般结构不宜小于 $5d$，有抗震要求的结构应不小于 $10d$（d 为箍筋直径）。

（3）钢筋弯曲调整值。为满足规范及设计的需要，钢筋弯折角度最常见的有 30°、45°、60°、90°、135°等，如图 4—7 所示。

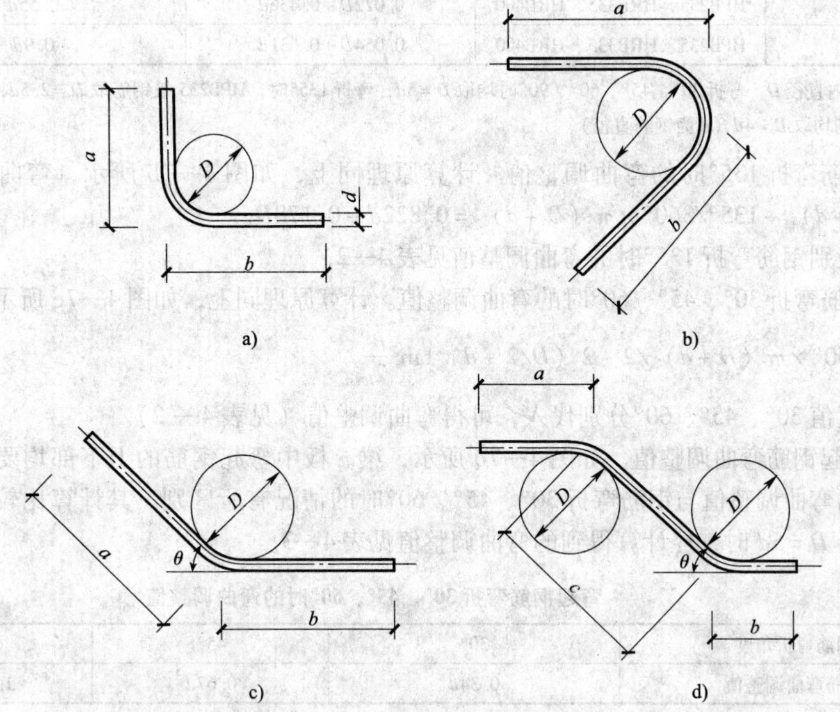

图 4—7　钢筋弯折角度（a、b 为量度尺寸）

a）钢筋弯折 90°　b）钢筋弯折 135°　c）钢筋弯折 30°、45°、60°　d）弯起钢筋弯折 30°、45°、60°

1）钢筋弯折 90°时的弯曲调整值。如图 4—5b 所示，弯曲调整值 $=\overline{ce}+\overline{ed}-\overset{\frown}{cd}$。

因为，$\overline{ce}=\overline{ed}=D/2+d$，$\overset{\frown}{cd}=\dfrac{\pi(D+d)}{4}$

所以，弯曲调整值 $=2\times(D/2+d)-\dfrac{\pi(D+d)}{4}=0.215D+1.215d$。

不同级别钢筋弯折 90°时的弯曲调整值见表 4—2。

表 4—2　　钢筋弯折各种角度时的弯曲调整值

钢筋弯折角度	钢筋级别	弯曲调整值	
		计算式	取值
90°	HPB235	$0.215D+1.215d$	$2.29d$
	HRB335		
	HRB400		
135°	HPB235	$0.822d-0.178D$	$0.38d$
	HRB335		$0.11d$
	HRB400		$0.11d$

续表

钢筋弯折角度	钢筋级别	弯曲调整值	
		计算式	取值
30°	HPB235、HRB335、HRB400	$0.006D+0.274d$	$0.3d$
45°	HPB235、HRB335、HRB400	$0.022D+0.436d$	$0.55d$
60°	HPB235、HRB335、HRB400	$0.054D+0.631d$	$0.9d$

注：弯弧内直径 D，弯折 30°、45°、60°、90°时均取 $D=5d$；弯折 135°时，HPB235 级钢筋取 $D=2.5d$，HRB335 级、HRB400 级钢筋均取 $D=4d$（d 为钢筋直径）。

2）钢筋弯折 135°时的弯曲调整值。计算原理同上，如图 4—7b 所示，弯曲调整值 $=2\times(D/2+d)-135°/360°\times\pi(D+d)=0.822d-0.178D$。

不同级别钢筋弯折 135°时的弯曲调整值见表 4—2。

3）钢筋弯折 30°、45°、60°时的弯曲调整值。计算原理同上，如图 4—7c 所示，弯曲调整值 $=\theta/360°\times\pi(D+d)/2-2(D/2+d)\tan\frac{\theta}{2}$。

将角度值 30°、45°、60°分别代入，可得弯曲调整值（见表 4—2）。

4）弯起钢筋弯曲调整值。如图 4—7d 所示，梁、板中弯起钢筋的上下部均要弯起一定角度，它的弯曲调整值与钢筋弯折 30°、45°、60°时的情况有所区别，其计算比较麻烦。当弯弧内直径 $D=5d$ 时，经计算得到的弯曲调整值见表 4—3。

表 4—3　　弯起钢筋弯折 30°、45°、60°时的弯曲调整值

钢筋弯折角度	30°	45°	60°
钢筋弯曲调整值	$0.34d$	$0.67d$	$1.22d$

注：d 为钢筋直径。

由于钢筋实际加工时往往不能准确地按规定的最小 D 值取用，例如，成形机心轴规格不全导致不能完全满足加工的需要。因此，除按以上计算方法求弯曲调整值之外，也可以根据各工地实际经验来确定（工地上常用的弯曲调整值可见本单元模块二中的表 4—16）。

（4）弯钩增加长度

1）一般钢筋弯钩增加长度。钢筋的弯钩通常有 3 种形式：半圆弯钩（180°）、斜弯钩（135°）、直弯钩（90°）。钢筋弯钩既有弯弧内直径 D、弯折角度的要求，又有端头平直部分长度的规定，所以钢筋端部设有弯钩时会增加钢筋的下料长度。

如图 4—8 所示，一个弯钩的增加长度 $=\overset{\frown}{ABC}+\overline{EC}-\overline{AF}$。根据《混凝土结构工程施工质量验收规范》（GB 50204—2002）中有关弯弧内直径 D 和端头平直部分长度的要求，钢筋端头弯钩增加长度取值见表 4—4。

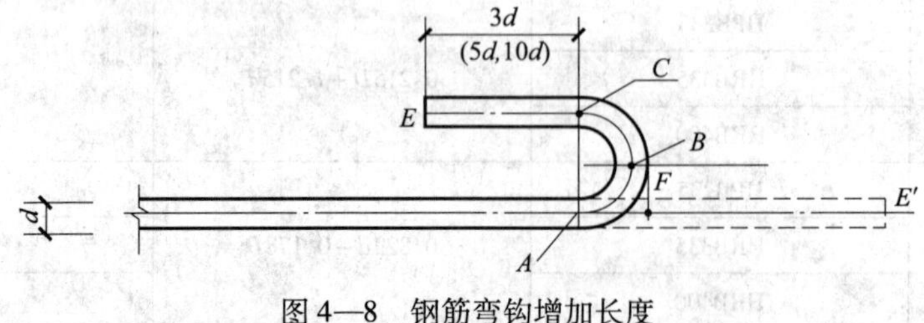

图 4—8　钢筋弯钩增加长度

表 4—4　　　　　　　　　　　　钢筋端头弯钩增加长度取值

弯钩角度	弯弧内直径 D	钢筋弯弧中心线长度	端部平直部分长度	计算式	取值
90°	$5d$	$(D+d)\ \pi/4$	$5d$	$(D+d)\ /4+5d-(D/2+d)$	$6.21d$
			$10d$	$(D+d)\ /4+10d-(D/2+d)$	$11.21d$
135°	$2.5d$	$(D+d)\ 3\pi/8$	$5d$	$(D+d)\ 3/8+5d-(D/2+d)$	$6.87d$
	$4d$				$8.64d$
	$2.5d$		$10d$	$(D+d)\ /8+10d-(D/2+d)$	$11.87d$
	$4d$				$13.64d$
180°	$2.5d$	$(D+d)\ \pi/2$	$3d$	$(D+d)\ /2+3d-(D/2+d)$	$6.25d$
			$5d$	$(D+d)\ /2+5d-(D/2+d)$	$8.25d$
			$10d$	$(D+d)\ /2+10d-(D/2+d)$	$16.50d$

注：弯折 135°时，HPB235 级钢筋取 $D=2.5d$，HRB335 级、HRB400 级钢筋均取 $D=4d$（d 为钢筋直径）。

2）箍筋弯钩增加长度。除焊接封闭环式箍筋外，箍筋末端应做弯钩，弯钩形式常见的有半圆弯钩（180°）、斜弯钩（135°）、直弯钩（90°）。同样箍筋末端弯钩也会增加长度，一个箍筋弯钩的增加长度见表 4—5。

表 4—5　　　　　　　　　　　　一个箍筋弯钩的增加长度

弯钩角度	弯弧内直径 D	平直部分长度	HPB235 级钢筋弯钩增加长度	HRB335 级钢筋弯钩增加长度
半圆弯钩（90°/180°）	$2.5d$	$5d$	$8.25d$	—
斜弯钩（135°/135°）	$2.5d$	$10d$，≥70mm	$12d$	—
直弯钩（90°/90°）	$5d$	$5d$	$6.2d$	$6.2d$

2．常用钢筋下料长度计算

（1）直钢筋下料长度。直钢筋下料长度计算较为简单，如图 4—9 所示，计算公式如下：

直钢筋下料长度＝构件长度－混凝土保护层厚度＋弯钩增加长度

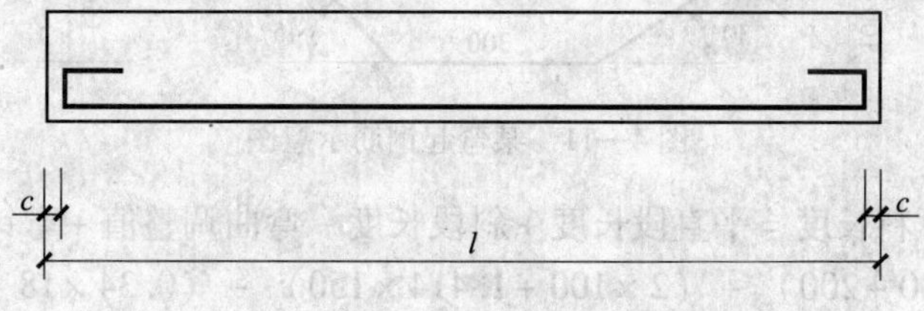

图 4—9　直钢筋下料长度计算示意图

[**例**] 图4—2所示的现浇钢筋混凝土梁L1配筋图中①号钢筋是直钢筋，因是HRB335级钢筋，所以不需要做弯钩，求直钢筋的下料长度。

解：①号钢筋下料长度 =（6 000 + 185 × 2） − 25 × 2 = 6 320（mm）

（2）弯起钢筋下料长度。根据设计要求，梁、板类构件常配置一定数量的弯起钢筋，其弯起角度一般为30°、45°、60°三种。如图4—10所示为弯起钢筋斜段长度计算简图。

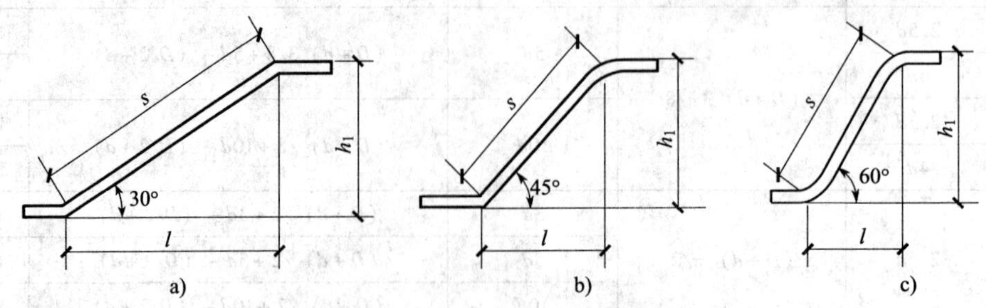

图4—10　弯起钢筋斜段长度计算简图

a）弯起角度30°　b）弯起角度45°　c）弯起角度60°

计算公式为：

弯起钢筋下料长度 = 平直段长度 + 斜段长度 − 弯曲调整值 + 弯钩增加长度

弯起钢筋平直段长度根据图样标注可以直接得到，其斜段长度（即图中s）一般以钢筋外包尺寸为依据计算。为方便使用，根据三角形勾股定理得出钢筋斜段长度，见表4—6。

表4—6　弯起钢筋斜段长度计算表

弯起角度	30°	45°	60°
斜段长度 s	$2h_1$	$1.414h_1$	$1.155h_1$
	$1.155l$	$1.414l$	$2l$
底边长度 l	$1.732h_1$	h_1	$0.575h_1$

注：h_1——弯起钢筋弯起的垂直高度，这里指外包尺寸；

l——弯起钢筋斜段水平投影长度；

s——弯起钢筋斜段长度。

[**例**] 某弯起钢筋如图4—11所示，求⌀18钢筋的下料长度。

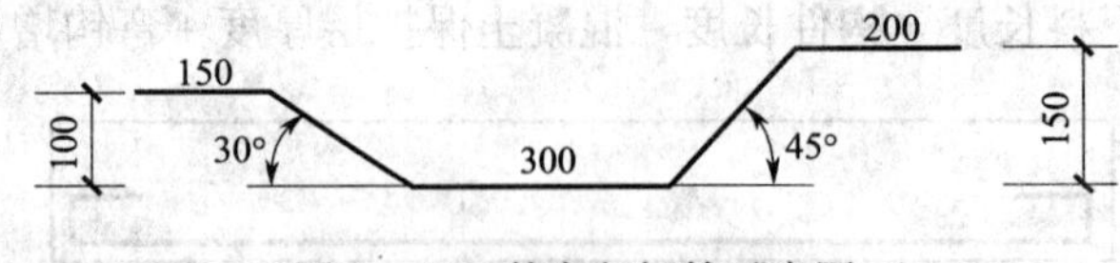

图4—11　某弯起钢筋示意图

解：弯起钢筋下料长度 = 平直段长度 + 斜段长度 − 弯曲调整值 + 弯钩增加长度

= （150 + 300 + 200） + （2 × 100 + 1.414 × 150） − （0.34 × 18 + 0.67 × 18）

= 1 043.92（mm）

（3）箍筋下料长度。计算公式：

箍筋下料长度 = 箍筋外皮周长 + 弯钩增加长度 - 弯曲调整值

箍筋一般以内皮尺寸标注，此时每边加上 $2d$，即外皮尺寸。根据前面的公式，可以计算出各种类型箍筋的下料长度，见表 4—7。

表 4—7　　箍筋的下料长度

钢筋种类	箍筋简图	弯钩类型	下料长度
HPB235		开口箍（180°/180°）	$(a+2b)+(6-2\times2.29+2\times8.25)d$ $\approx a+2b+17.9d$
		半圆弯钩（90°/180°）	$(2a+2b)+(8-3\times2.29+8.25+6.2)d$ $\approx 2a+2b+15.6d$
		直弯钩（90°/90°）	$(2a+2b)+(8-3\times2.29+2\times6.2)d$ $\approx 2a+2b+13.5d$
		斜弯钩（135°/135°）	$(2a+2b)+(8-3\times2.29+2\times12)d$ $\approx 2a+2b+25.1d$
HRB335		直弯钩（90°/90°）	$(2a+2b)+(8-3\times2.29+2\times6.2)d$ $\approx 2a+2b+13.5d$

注：1. 表中 a、b 均为箍筋内皮尺寸（a 为图中横向尺寸，b 为图中纵向尺寸），d 为箍筋直径。

2. 表中 90°弯钩的钢筋弯弧内直径 $D=5d$，135°、180°弯钩的 $D=2.5d$。

[例] 求图 4—2 所示现浇钢筋混凝土梁 L1 配筋图中⑥号箍筋的下料长度。

解：⑥号箍筋为Φ6，HPB235 级钢筋，按规定在一般结构中箍筋为直弯钩，有抗震要求结构时为斜弯钩，所以：

若末端为两直弯钩，其下料长度 $=2a+2b+13.5d=2\times(250-25\times2)+2\times(550-25\times2)+13.5\times6=1\,481$（mm）。

若末端为两斜弯钩，其下料长度 $=2a+2b+25.1d=2\times(250-25\times2)+2\times(550-252)+25.1\times6\approx1\,550$（mm）。

3. 特殊钢筋下料长度计算

计算公式：下料长度 = 钢筋长度计算值 + 弯钩增加长度

（1）斜向钢筋下料长度计算。变截面悬臂梁是钢筋混凝土结构中常见的构件，如图4—12所示。

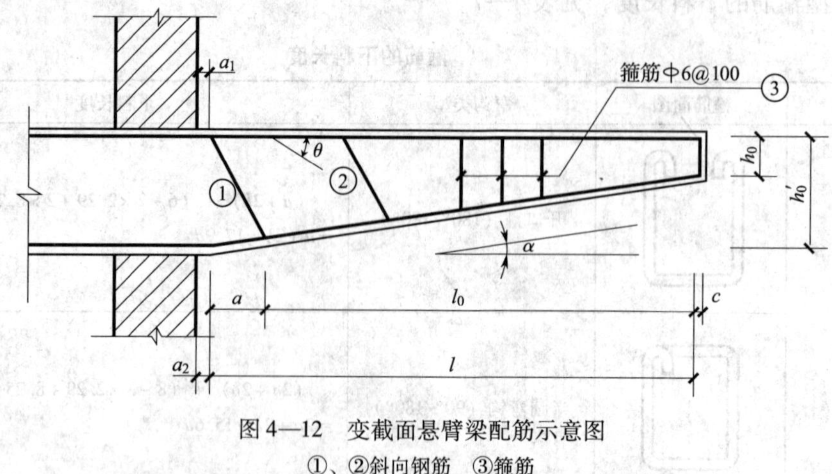

图4—12　变截面悬臂梁配筋示意图

①、②斜向钢筋　③箍筋

图中①号、②号钢筋为斜向钢筋，计算其下料长度的关键是求出其斜向下料长度。现以①号钢筋为例介绍斜向钢筋下料长度的计算方法。

1）几何法。几何法包括勾股弦法、三角函数法和比例法等计算方法。①号钢筋详图如图4—13所示，图中角度 α、θ 一般是已知的，长度 a、b、d、l_0 等有标注或可以简单计算出来，利用几何法就可以求出斜向钢筋的长度 l_1、l_2。

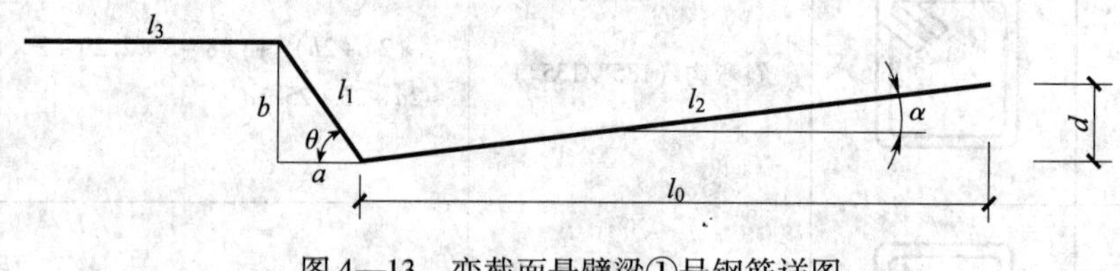

图4—13　变截面悬臂梁①号钢筋详图

①勾股弦法。若图中给出了 b、d 值，利用勾股定理有：

$$l_1 = \sqrt{a^2 + b^2} \tag{4—8}$$

$$l_2 = \sqrt{l_0^{\ 2} + d^2} \tag{4—9}$$

②三角函数法。若图中未直接给出 b、d 值，利用已知条件求 b、d 较麻烦时，可用已知条件 a、l_0 和三角函数关系求 l_1、l_2。

$$l_1 = a/\cos\theta \tag{4—10}$$

$$l_2 = l_0/\cos\alpha \tag{4—11}$$

2）放样法。用几何法计算钢筋长度较麻烦时，可采用放样法对钢筋长度直接量取，从而避开复杂的计算。所谓放样法，是指根据施工图把钢筋的外形在实地上放出来（即钢筋放样），通过对照钢筋详图逐段量取钢筋长度的一种方法。

放样包括放大样（按1∶1比例放样）和放小样（按1∶5、1∶10比例放样）两种方式。曲线形钢筋、矩形斗仓斜向钢筋、圆形钢筋、抛物线钢筋等都可以用放样法直接确定钢筋的长度。

现以图4—12中①号钢筋为例，其放样步骤如下（见图4—14）：

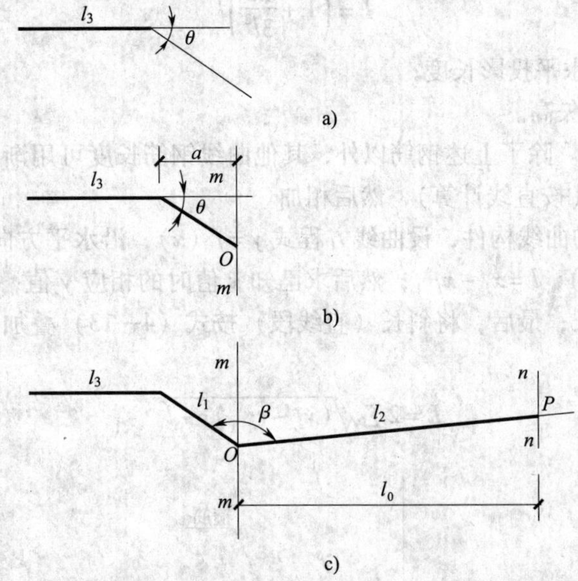

图 4—14　变截面悬臂梁①号钢筋放样步骤

①先画一水平直线并截取长度 l_3，量出 θ 角度线（见图 4—14a）。

②在水平线上截取长度 a，画出与水平线垂直的竖线 m—m，m—m 与 θ 角度线交于点 O（见图 4—14b）。

③以点 O 为基准点，量出 $\beta=180°-(\alpha+\theta)$ 的角度线（见图 4—14c）。

④以点 O 为基准点，画出与竖线 m—m 平行且距点 O 长度为 l_0 的竖线 n—n，n—n 与 β 角度线交于点 P，放样完毕（见图 4—14c）。

放样完毕后，只需在实地上量取各段钢筋的长度（l_1、l_2、l_3），再根据弯曲情况就可以计算出其下料长度。

（2）曲线构件中钢筋长度计算。曲线构件中曲线的走向和形状是以曲线方程确定的，其钢筋长度可分别按下列方法计算，对外形比较复杂的构件，用数学方法计算钢筋长度有困难时，也可用放样法求钢筋长度。

1）圆曲线钢筋。圆曲线钢筋的长度，可用圆心角与圆半径直接算出或通过弦长与矢高查表得出。

2）抛物线钢筋。当构件外边为抛物线形状时（见图 4— 15），抛物线钢筋的长度 L 可按下式计算：

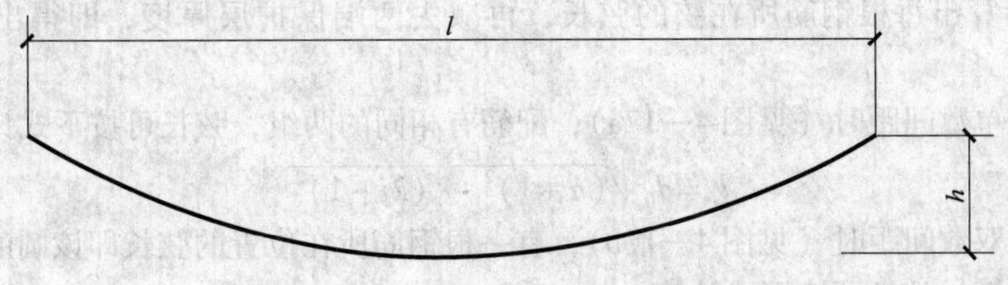

图 4—15　抛物线钢筋长度计算简图

$$L = \left(1 + \frac{8h^2}{3l^2}\right) l \tag{4—12}$$

式中 l——抛物线的水平投影长度；

h——抛物线的矢高。

3）其他曲线钢筋。除了上述钢筋以外，其他曲线钢筋长度可用渐近法计算，即将曲线钢筋长度分成较小段（按直线计算），然后相加。

如图 4—16 所示的曲线构件，设曲线方程式 $y = f(x)$，沿水平方向分段，分段长度为 l（一般取 300 ~ 500 mm），$l = x_i - x_{i-1}$；然后求已知 x 值时的相应 y 值，$y = y_i - y_{i-1}$；再用勾股定理计算每段的斜长；最后，将斜长（直线段）按式（4—13）叠加，即得曲线钢筋的长度（近似值）。

$$L = 2\sum\sqrt{(y_i - y_{i-1})^2 + l^2} \tag{4—13}$$

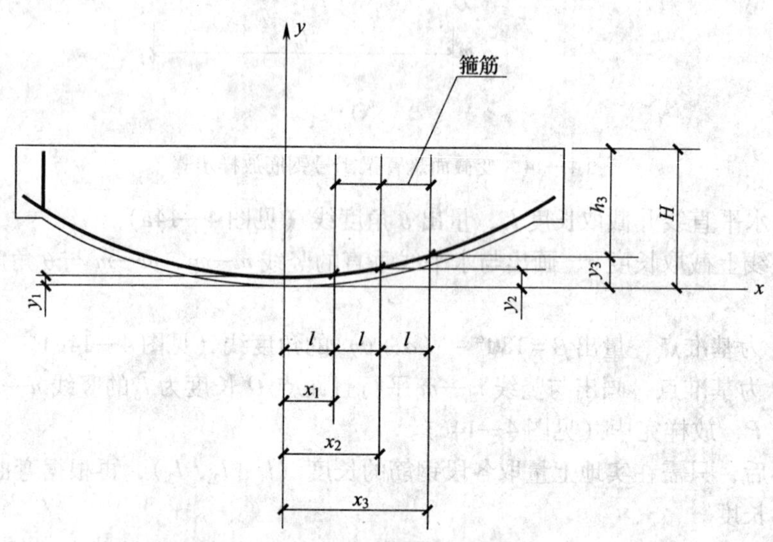

图 4—16　曲线钢筋长度计算简图

4）箍筋高度计算。曲线构件中的箍筋高度，可根据已知曲线方程式求解。其方法是先根据箍筋的间距确定 x 值，代入曲线方程式求 y 值，然后计算该处的梁高 $h_i = H - y_i$（见图 4—16），再减去上下层混凝土保护层厚度，即得各段箍筋高度。

（3）圆形构件中钢筋长度计算。在平面为圆形的构件中，配筋形式有按弦长布置和按圆形布置两种。

1）按弦长布置。如图 4—17 所示，此时钢筋为直线形。这类布置方式钢筋长度的计算方法是先计算出每根钢筋所在弦的弦长，再减去两端保护层厚度，即得出该处钢筋的长度。

当配筋为单数间距时（见图 4—17a），配筋有相同的两组，弦长可按下式计算：

$$l_i = d_0\sqrt{(n+1)^2 - (2i-1)^2} \tag{4—14}$$

当配筋为双数间距时（见图 4—17b），有一根钢筋所在位置的弦长即该圆的直径，另有相同的两组配筋，弦长可按下式计算：

$$l_i = d_0\sqrt{(n+1)^2 - (2i)^2} \tag{4—15}$$

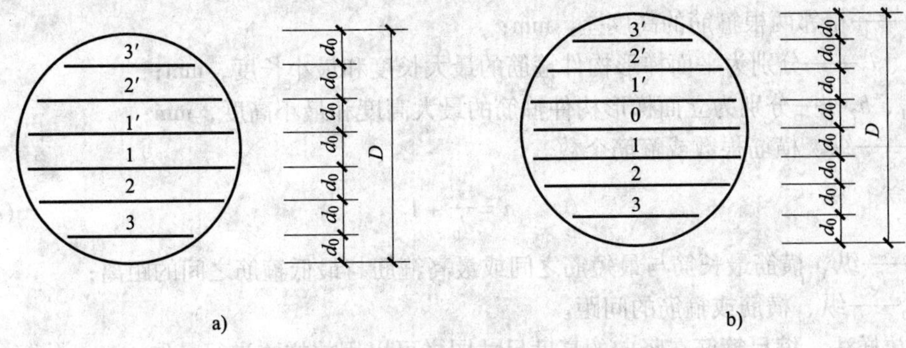

图 4—17　按弦长布置的钢筋长度计算简图

a）按弦长单数间距布筋　b）按弦长双数间距布筋

式中　l_i——第 i 根（从圆心向两边计数）钢筋所在的弦长；

d_0——钢筋间距；

n——钢筋根数，等于$\dfrac{D}{d_0}-1$（D 为圆形构件直径）；

i——从圆心向两边计数的序号数。

2）按圆形布置。如图 4—18 所示，此时钢筋按圆形布置。计算时，一般可用比例法先求出每根圆形钢筋的直径，再乘以圆周率，即算出圆形钢筋的长度。

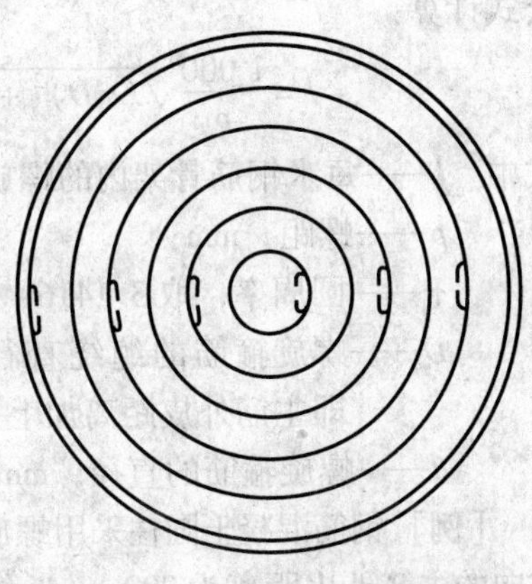

图 4—18　按圆形布置钢筋长度计算简图

（4）梯形箍筋长度计算。平面或立面为梯形的构件，如图 4—19 所示，其平面纵横向钢筋长度或立面箍筋高度，在一组钢筋中存在有多种不同尺寸的情况，如变截面悬臂梁（见图 4—12）中的③号箍筋，其立面高度沿梁轴线方向是变化的，故其缩尺箍筋高度尺寸可按下列方法求得：

1）几何法。用数学方法根据比例关系计算梯形构件中缩尺箍筋长度。相邻箍筋高度的差值 Δ 可按下式计算：

$$\Delta=\frac{l_1-l_2}{n-1} \tag{4—16}$$

或

$$\Delta=\frac{h_1-h_2}{n-1} \tag{4—17}$$

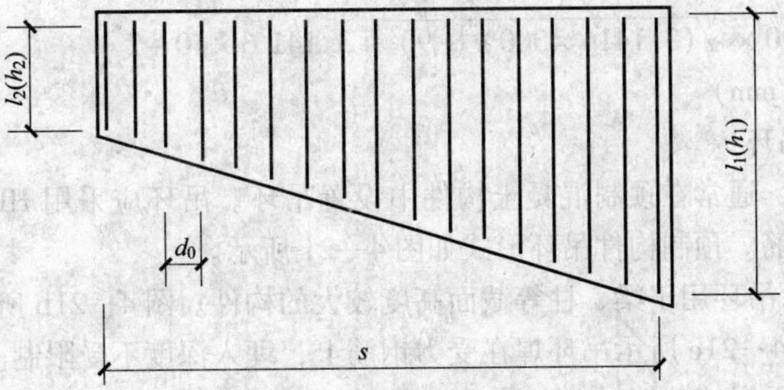

图 4—19　变截面梯形构件钢筋长度计算简图

式中 Δ——相邻两根箍筋的高度差，mm；

l_1、l_2——分别为平面梯形构件箍筋的最大长度和最小长度，mm；

h_1、h_2——分别为立面梯形构件箍筋的最大高度和最小高度，mm；

n——纵、横筋根数或箍筋个数。

$$n=\frac{s}{d_0}+1 \qquad (4—18)$$

式中 s——纵、横筋最长筋与最短筋之间或最高箍筋与最低箍筋之间的距离；

d_0——纵、横筋或箍筋的间距。

2）放样法。缩尺箍筋在竖向的高度尺寸同样可以用放样法进行量取。

先将构件立面外形放样，然后在其中沿水平方向根据钢筋间距进行箍筋放样，直接量取每根箍筋的高度，最后通过简单的计算汇总即可求出每根箍筋的下料长度。

（5）螺旋箍筋长度计算。在圆柱形构件（如圆形柱、管柱、灌注桩等）中，螺旋箍筋沿主筋圆周表面缠绕，如图 4—20 所示。

每米钢筋骨架内的螺旋箍筋长度，可按如下的简化公式计算：

$$l=\frac{1\,000}{p}\sqrt{(\pi D)^2+p^2}+\frac{\pi d}{2} \qquad (4—19)$$

式中 l——每米钢筋骨架内的螺旋箍筋长度，mm；

p——螺距，mm；

π——圆周率，取 3.1416；

D——螺旋箍筋的缠绕直径，采用箍筋中心距，即主筋外皮距离加上一个箍筋直径，mm；

d——螺旋箍筋的直径，mm。

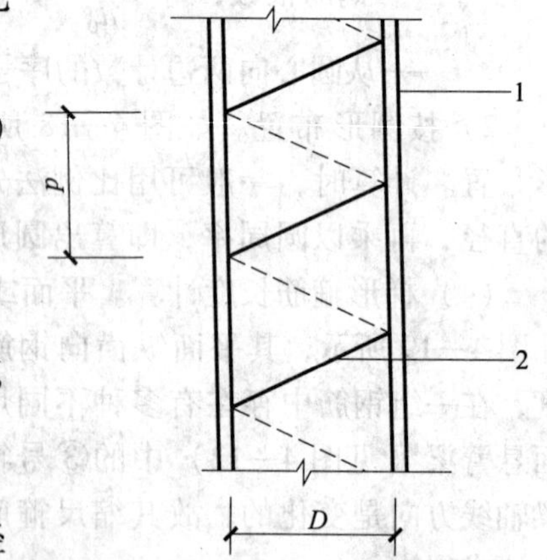

图 4—20 螺旋箍筋长度计算简图

1—主筋 2—螺旋箍筋

D—螺旋箍筋的缠绕直径 p—螺距

［**例**］钢筋混凝土圆柱采用螺旋箍筋，钢筋骨架直径方向的主筋外皮距离为 290 mm，箍筋直径为 10 mm，箍筋螺距为 90 mm，试求每米钢筋骨架内螺旋箍筋的下料长度。

解：已知 $D=290+10=300$（mm），$d=10$ mm，$p=90$ mm。

所以 $$l=\frac{1\,000}{p}\sqrt{(\pi D)^2+p^2}+\frac{\pi d}{2}$$

$$=1\,000\div 90\times\sqrt{(3.1416\times 300)^2+90^2}+3.141\,6\times 10\div 2$$

$$=10\,535\ (\text{mm})$$

4．预制构件吊环

为了安装需要，通常在预制混凝土构件中设置吊环。吊环应采用 HPB235 级钢筋制作，严禁使用冷加工钢筋。预制构件吊环形式如图 4—21 所示。

图 4—21a 所示吊环用于梁、柱等截面高度较大的构件。图 4—21b 所示吊环用于截面高度较小的构件。图 4—21c 所示吊环焊在受力钢筋上，埋入深度不受限制。图 4—21d 所示吊环用于构件较薄且无焊接条件时，在吊环上压几根短钢筋或ф4 钢筋网片加固。

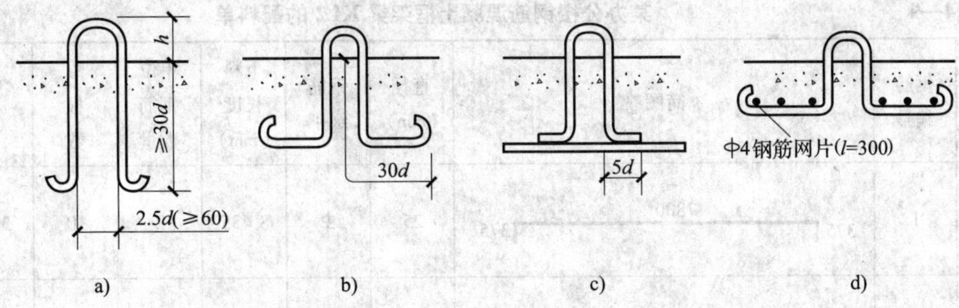

图 4—21　预制构件吊环形式

吊环的弯心直径为 2. 5d（d 为吊环钢筋直径），且不得小于 60mm。吊环的埋入深度应不小于 30d，并与主筋钩牢。埋深不够时，可焊接在受力钢筋上。

吊环露出混凝土的高度 h 应满足穿卡环的要求，但也不宜太长，以免遭到反复弯折。其值可参考表 4—8 选用。

表 4—8　　　　吊环露出混凝土的高度 h

吊环钢筋直径（mm）	构件质量（t）		吊环露出混凝土的高度 h（mm）
	两个吊环	四个吊环	
6	0. 58	0. 870	50
8	1. 02	1. 53	50
10	1. 60	2. 41	50
12	2. 31	3. 46	60
14	3. 14	4. 71	60
16	4. 10	6. 15	70
18	5. 19	7. 80	70
20	6. 41	9. 61	80
22	7. 76	11. 63	90
25	10. 02	15. 03	100
28	12. 56	18. 84	110

三、钢筋配料单和料牌

1. 配料单

钢筋配料单是根据施工图中钢筋的品种、规格及外形尺寸、数量进行编号，并计算下料长度，用表格形式表达的单据。

钢筋配料是钢筋施工的重要工序。钢筋配料单是确定钢筋下料加工的依据，是提出材料计划、签发任务单和限额领料单的依据。合理的配料单既能节约材料，又能简化施工操作。

钢筋配料单一般由构件名称、钢筋编号、钢筋简图、尺寸、钢号、数量、下料长度及钢筋质量等内容组成。表 4—9 是某办公楼钢筋混凝土框架梁 KL2 的配料单。

表 4—9　　　　　　　　　　**某办公楼钢筋混凝土框架梁 KL2 的配料单**

构件名称	钢筋编号	简图	直径（mm）	钢筋级别	下料长度（mm）	单位钢筋数量	总根数	质量（kg）
	1	 375 ┌ 7800 ┐ 375	25	Φ	8 435	2	10	325.3
	2	 375 ┌ 7800 ┐ 375	25	Φ	8 435	7	35	1 138.4
KL2（共5根）	3	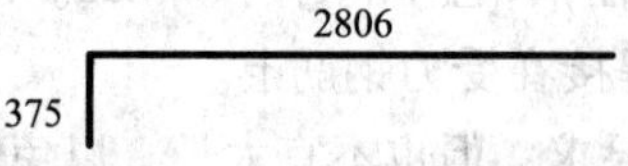 375 ┌ 2806	25	Φ	3 126	4	20	241.1
	4	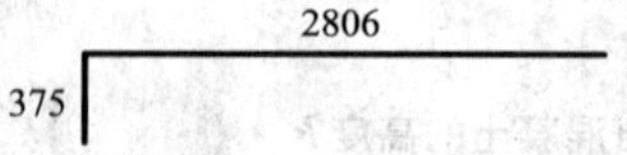 375 ┌ 2806	25	Φ	2 581	8	40	398.1
	5	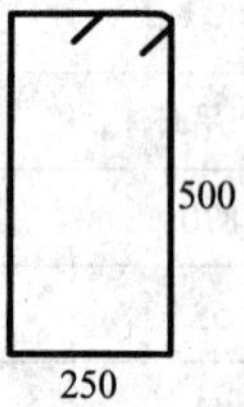 500 × 250	10	φ	1 750	42	210	226.7
备注	合计：φ10 = 226.7 kg　　Φ25 = 2 102.9 kg							

注：1. 单位钢筋数量是每一构件同一编号钢筋的根数，总根数是一个单位工程中同一编号钢筋的总根数。

2. 钢筋质量按单位质量 0.006 17D^2（kg/m）计算，D 为钢筋直径（mm）。

从上表中可看出该办公楼框架梁 KL2 共有 5 根，其中①号钢筋共有 10 根，其直径为 25 mm；直线段长度为 7 800 mm；两端弯折长度均为 375 mm，且为直弯折（90°）；①号钢筋下料长度为 7 800 + 375 × 2 − 2 × 2.29 × 25（90°弯曲调整值）= 8 435（mm）；①号钢筋质量为 0.006 17 × 25 × 25 ×（8.435 × 10）= 325.3（kg）。

从上表中可看出，该办公楼框架梁 KL2 中的⑤号箍筋是双肢箍筋（直径为 10 mm），共 210 根；内皮尺寸分别为 250 mm、500 mm；弯钩为两斜弯钩（135°）；下料长度为 2 ×（500 + 250）+ 25 × 10 = 1 750（mm）；质量为 0.006 17 × 10 × 10 ×（1.75 × 210）= 226.7（kg）。

2. 料牌

看懂构件的钢筋配料单后，还需对该构件中每一编号的钢筋制作一块标牌（即料牌），等该编号的钢筋加工完后即可挂上料牌，以便区别各工程项目、构件和各种编号钢筋，防止在钢筋堆放、运输、安装过程中混淆。

钢筋料牌可用 40 mm × 50 mm 的薄木板、竹片或纤维制作。钢筋料牌须严格按配料单进行校核，以免返工浪费。现以表 4—9 中 KL2 的②号钢筋为例，表现料牌的正、反两面内容（见图 4—22）。其他编号的钢筋料牌按此规格填写。

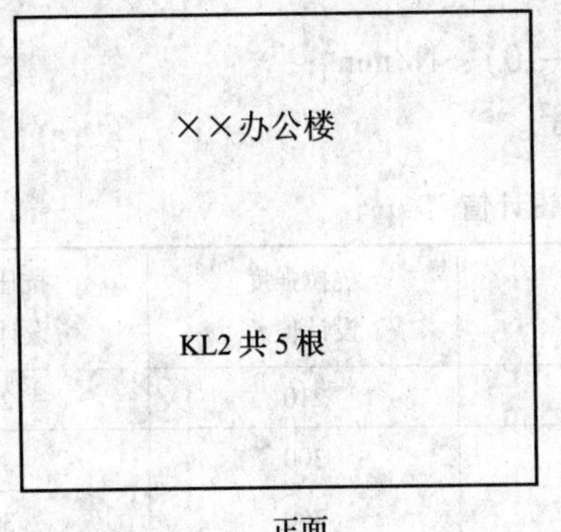

正面

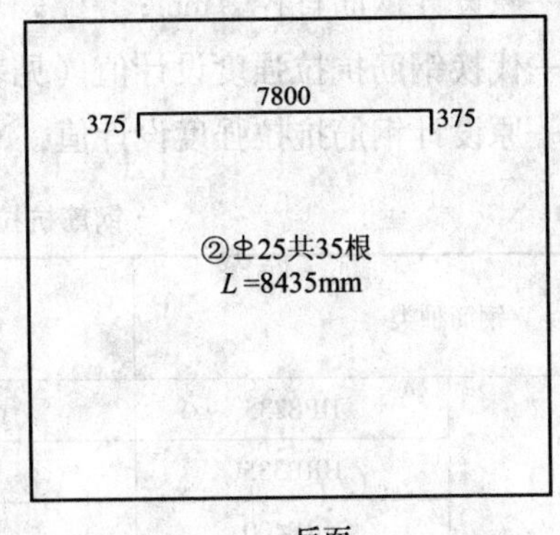

反面

图 4—22　钢筋料牌

3．配料单的编制

钢筋配料单的编制可以通过以下几个步骤完成：

（1）熟悉施工图，识读构件配筋图。识读时特别要注意每种编号的钢筋在构件中的位置及相互关系。

（2）绘制钢筋简图。绘制时注意每个编号钢筋的直径、形状、规格、数量等。

（3）计算每种规格钢筋的下料长度。

（4）填写钢筋配料单和钢筋料牌。

在配料计算时要注意以下事项：

（1）钢筋配置的细节问题，若设计施工图中没有注明时，一般可按构造要求处理。

（2）配料计算时，要考虑到钢筋的形状和尺寸在满足设计要求的前提下有利于加工安装。

（3）配料时还应考虑施工需要的附加钢筋。例如，基础双层钢筋网中保证上层钢筋网位置用的钢筋撑脚、柱钢筋骨架增加四面斜筋撑等。

四、钢筋代换

在施工中，工地若无法供应设计图要求的钢筋品种和规格时，允许根据条件用其他种类或规格的钢筋进行代换。

1．钢筋代换原则

当施工中遇有钢筋的品种和规格与设计要求不符时，可参照以下原则进行钢筋代换：

（1）等强度代换。当构件受强度控制时，钢筋可按强度相等原则进行代换。

（2）等面积代换。当构件按最小配筋率配筋时，钢筋可按面积相等原则进行代换。

（3）当构件受裂缝宽度或挠度控制时，代换后应进行裂缝宽度或挠度验算。

2．钢筋代换方法

计算公式为：

$$n_2 d_2^2 f_{y2} \geqslant n_1 d_1^2 f_{y1} \qquad (4—20)$$

式中　n_2——代换钢筋根数；

n_1——原设计钢筋根数；

d_2——代换钢筋直径，mm；

d_1——原设计钢筋直径，mm；

f_{y2}——代换钢筋抗拉强度设计值（见表4—10），N/mm^2；

f_{y1}——原设计钢筋抗拉强度设计值，N/mm^2。

表4—10　　钢筋抗拉强度设计值　　N/mm^2

钢筋种类		符号	抗拉强度设计值 f_y	抗压强度设计值 f'_y
热轧钢筋	HPB235	Φ	210	210
	HRB335	Φ	300	300
	HRB400	Φ	360	360
	RRB400	$Φ^R$	360	360

上式中有两种特例：

（1）抗拉强度设计值相同、直径不同的钢筋代换：

$$n_2 d_2{}^2 \geqslant n_1 d_1{}^2 \tag{4—21}$$

（2）直径相同、抗拉强度设计值不同的钢筋代换：

$$n_2 f_{y2} \geqslant n_1 f_{y1} \tag{4—22}$$

例如，图4—2所示现浇钢筋混凝土梁L1中②号钢筋设计为2Φ18，现拟用Φ20钢筋代换，代换后的钢筋根数 n_2 为：

因为　　$n_2 d_2{}^2 f_{y2} \geqslant n_1 d_1{}^2 f_{y1}$

所以 $n_2 \geqslant n_1 d_1{}^2 f_{y1}/(d_2{}^2 f_{y2}) = 2\times18^2\times300/(20^2\times210) = 2.31$，取3根。

故代换后配筋应为3Φ20。

若拟用Φ18钢筋代换，代换后的钢筋根数 n_2 为：

因为　　$n_2 f_{y2} \geqslant n_1 f_{y1}$

所以 $n_2 \geqslant n_1 f_{y1}/f_{y2} = 2\times300/210 = 2.86$，取3根。

故代换后配筋应为3Φ18。

3. 钢筋代换注意事项

（1）钢筋代换时，必须充分了解设计意图和代换材料性能，严格遵守国家现行设计规范和施工验收规范及有关技术规定。

（2）重要结构和预应力混凝土结构的钢筋代换应征得设计单位同意。

（3）对抗裂性能要求高的构件（如吊车梁、薄腹梁、屋架下弦等），不宜用HPB235级钢筋代换HRB335级、HRB400级钢筋，以免裂缝开展过宽。

（4）钢筋代换后，应满足《混凝土结构设计规范》（GB 50010—2002）中所规定的钢筋间距、根数、锚固长度、最小直径、最小配筋率等要求。

（5）同一截面内配有不同种类和直径的代换钢筋时，每根钢筋拉力差不宜过大（同品种钢筋直径一般不大于5 mm），以免构件受力不均。

（6）梁的纵向受力钢筋与弯起钢筋应分别进行代换，以保证正截面和斜截面强度。

（7）当构件受裂缝宽度控制时，除了以小直径钢筋代换大直径钢筋、以强度等级低的钢筋代换强度等级高的钢筋可不做裂缝宽度验算外，其余的应进行验算。

(8) 偏心受压构件或偏心受拉构件做钢筋代换时，不取整个截面配筋量计算，应按受力面（受压或受拉）分别进行代换。

(9) 预制构件的吊环必须采用未经冷拉的 HPB235 级钢筋制作，严禁用其他钢筋代换。

练习与实训

一、练习题

1. 填空题（将正确答案写在横线上）

(1) HPB235 级钢筋末端做 180°弯钩，其弯弧内直径应不小于钢筋直径 d 的________倍。

(2) 预制构件吊环钢筋锚固长度，一般应埋入构件不小于________。

(3) 箍筋弯钩的弯折角度，一般结构应不小于________，有抗震要求的结构应为________。

(4) 设计施工图上箍筋一般标注的是________尺寸。

(5) 直径为 d 的钢筋弯起 90°时，其弯曲调整值应取________。

(6) 对有抗震要求的结构，其箍筋弯后平直部分长度应不小于箍筋直径的________倍。

(7) HRB335 级钢筋弯折 135°时的弯曲调整值应取________。

(8) HRB400 级钢筋弯折 135°时的弯弧内直径 D 应不小于钢筋直径 d 的________倍 。

(9) 若 a、b 为箍筋内皮尺寸，则斜弯钩箍筋的下料长度为________________ 。

(10) 放小样是指按________、________比例对钢筋或构件进行放样。

(11) 某 C20 混凝土板宽 1 m，纵向钢筋按Φ10@100 布置，混凝土保护层厚度为 15 mm，则纵向钢筋应布________根。

(12) 钢筋弯起 60°时，斜段长度为________ h_1。

(13) 弯起钢筋中间部位弯折处的弯曲直径应不小于钢筋直径 d 的________倍。

(14) 板内钢筋根数可用公式________________来计算。

(15) 弯起钢筋一般采用________、________、________作为弯起角度。

2. 判断题（正确的画“√”，错误的画“×”）

(1) 钢筋配料单是钢筋加工的依据。 (　　)

(2) 钢筋下料尺寸应该是钢筋的中心线长度。 (　　)

(3) 弯曲调整值是计算钢筋下料时应扣除的数值。 (　　)

(4) 预制构件吊环可以采用 HPB235 和 HRB335 级钢筋。 (　　)

(5) 钢筋料牌是区别各工程项目、构件和各种编号钢筋的标志。 (　　)

(6) 弯起钢筋下料长度 = 直段长度 + 斜段长度 + 弯曲调整值 + 弯钩增加长度。 (　　)

(7) 直钢筋下料长度 = 构件长度 − 混凝土保护层厚度 + 弯钩增加长度。 (　　)

(8) 做不大于 90°的弯折时，弯折处的弯弧内直径 D 应不小于钢筋直径 d 的 4 倍。

(　　)

(9) 钢筋弯折一定角度时，圆弧弯心直径 D 越大，其弯曲调整值越小。 (　　)

(10) 构件有抗震要求时，其箍筋弯钩应为斜弯钩 135°。 (　　)

(11) 钢筋的计算长度就是钢筋的下料长度。 (　　)

(12) 放大样是指按 1∶5 比例对钢筋或构件进行放样。 ( )

(13) 弯起钢筋一般采用 30°、45°、90°作为弯起角度。 ( )

(14) HRB335 级、HRB400 级钢筋做不大于 90°的弯钩时，取 $D=5d$，弯后平直部分长度要求与做 135°弯钩时相同。 ( )

(15) 一般结构的箍筋弯后平直部分长度不应小于箍筋直径的 5 倍。 ( )

(16) 用高强度钢筋代换低强度钢筋时，可不考虑构件的最小配筋率。 ( )

(17) 等面积代换适用于各种配筋情况下的构件。 ( )

(18) 预制构件的吊环必须采用未经冷拉的 HPB235 级钢筋制作，严禁用其他钢筋代换。 ( )

二、实训与指导

实训一：某办公楼现浇钢筋混凝土独立柱基础如图 4—23 所示，现共有 2 个且有抗震要求。底边为 1 600 mm×1 600 mm，采用 C20 混凝土，柱截面为 400 mm×400 mm。试编制该基础钢筋的配料单和料牌。

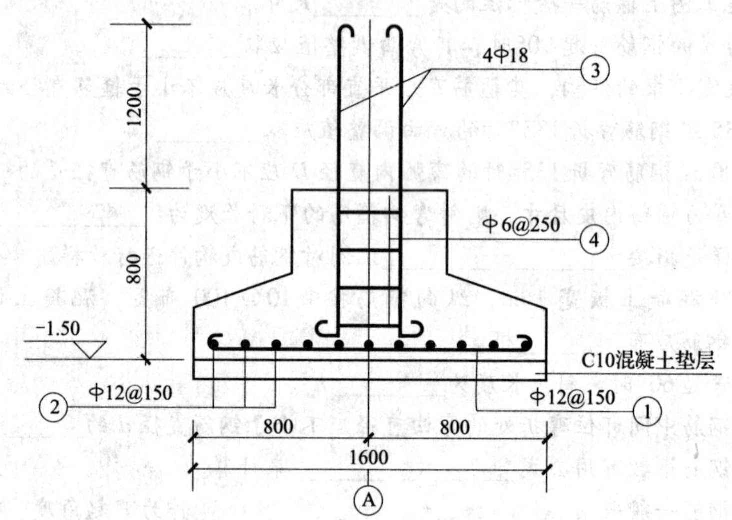

图 4—23 现浇钢筋混凝土独立柱基础

实训指导：

(1) 识读图样后绘出各钢筋简图，并计算其下料长度。

①号钢筋：

钢筋下料长度 = 构件长度 − 混凝土保护层厚度 + 弯钩增加长度

$$=1\ 600-2\times35+2\times6.25\times12=1\ 680\ (\text{mm})$$

钢筋根数 $=\dfrac{l-2c}{s}+1=(1\ 600-2\times35)\div150+1=11$ 根

②号钢筋：

钢筋下料长度、钢筋根数同①号钢筋。

③号钢筋（柱插筋）：

钢筋下料长度 = 竖向平直段长度 + 底部水平平直段长度 − 弯曲调整值 + 弯钩增加值

$$=(800+1\ 200)+300-2.29\times18+2\times6.25\times18=2\ 448.8\ (\text{mm})$$

钢筋根数 = 4 根

④号钢筋（箍筋），为方便计算仅考虑基础部分：

钢筋下料长度 $=2a+2b+25.1d$

$=(350+350)\times 2+25.1\times 6.5=1\ 550$（mm）

钢筋根数 =（800 − 35）÷ 250 + 1 = 4 根

（2）编制、填写配料单（见表 4—11）。

表 4—11　钢筋配料单

构件名称	钢筋编号	简图	直径（mm）	钢筋级别	下料长度（m）	单位钢筋数量	合计根数	质量（kg）
某办公楼现浇钢筋混凝土独立柱基础（共 2 个）	①	1530	12	ф	1.68	11	22	32.8
	②	1530	12	ф	1.68	11	22	32.8
	③	1965 300	18	ф	2.49	4	8	39.8
	④	350 350	6	ф	1.55	4	8	2.23
备注	合计：ф12 = 65.6 kg，ф18 = 39.8 kg，ф6 = 2.23 kg							

（3）编写料牌（略）。

实训二：某钢筋混凝土鱼腹式吊车梁尺寸及配筋如图 4—24 所示，下缘曲线方程为 $y=0.001x^2$。试求曲线钢筋和箍筋的长度。

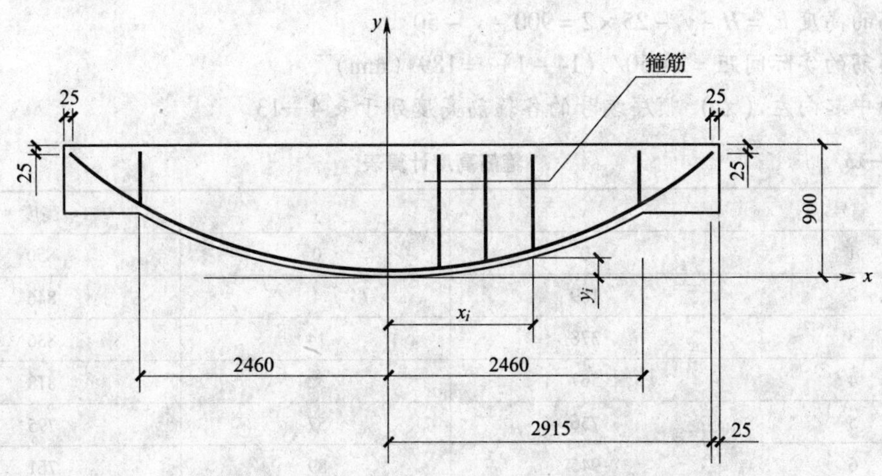

图 4—24　某钢筋混凝土鱼腹式吊车梁尺寸及配筋

实训指导：

（1）曲线钢筋长度计算。

从图中已知混凝土保护层厚度为25 mm，有

$$y=0.001x^2+25$$

又钢筋末端的 y 值 $=900-25=875$（mm），故

相应的 $x=\sqrt{\dfrac{y-25}{0.001}}=\sqrt{\dfrac{875-25}{0.001}}=2\,915$（mm）

曲线钢筋按水平方向每300 mm进行分段，以半根钢筋长度进行计算的结果列于表4—12中。

表4—12　钢筋长度计算表　mm

分段序号	x_i	y_i	x_i-x_{i-1}	y_i-y_{i-1}	段长
1	300	34	300	9	300.1
2	600	61	300	27	301.2
3	900	106	300	45	303.4
4	1 200	169	300	63	306.5
5	1 500	250	300	81	310.7
6	1 800	349	300	99	315.9
7	2 100	466	300	117	322.0
8	2 400	601	300	135	329.0
9	2 700	754	300	153	336.8
10	2 915	875	215	121	246.7

曲线钢筋总长 $L=2\sum\sqrt{(y_i-y_{i-1})^2+l^2}$

$=2\times3\,072.3\approx6\,145$（mm）

（2）箍筋高度计算。

半跨梁的箍筋根数 $n=2\,460/200+1=13.3$，取14根。

箍筋的高度 $h_i=H-y_i-25\times2=900-y_i-50$

各箍筋的实际间距 $=2\,460/(14-1)=189$（mm）

从跨中起向左（右）顺序编号的各箍筋高度列于表4—13。

表4—13　箍筋高度计算表　mm

编号	x	y	高度
1	0	0	850
2	189	4	846
3	378	14	836
4	567	32	818
5	756	57	795
6	945	89	761
7	1 134	129	721

续表

编号	x	y	高度
8	1 323	175	675
9	1 512	229	621
10	1 701	289	561
11	1 890	357	493
12	2 079	432	418
13	2 268	514	336
14	2 460	605	245

实训三：试完成图 4—25 所示弯起钢筋的放样。

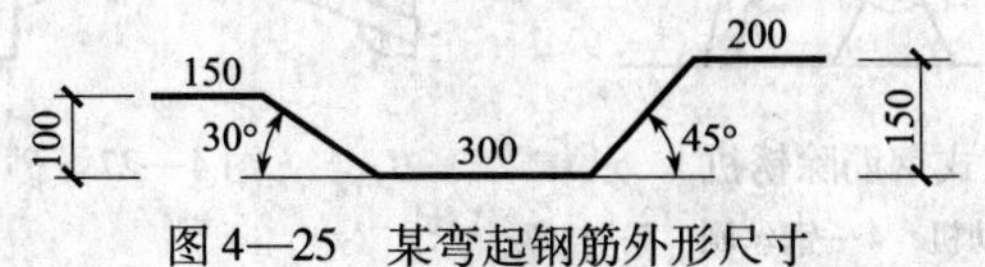

图 4—25　某弯起钢筋外形尺寸

实训指导：

(1) 先画一水平直线并截取长度 300 mm，用量角器分别量出 30°和 45°角，画出斜线。

(2) 在斜线上分别截取高度 100 mm 和 150 mm，画出与水平线垂直的竖线。

(3) 画竖线的垂直线（即水平线），分别按 150 mm 和 200 mm 画出钢筋的水平长度，则放样完成。

模块二　钢筋加工

知识技能要求

1. 能合理选用、使用钢筋加工常用的工具和设备。
2. 掌握钢筋除锈、调直、切断、弯曲的操作技术。
3. 掌握钢筋除锈、调直、切断、弯曲的质量技术标准和安全操作规程。

一、除锈

《混凝土结构工程施工质量验收规范》（GB 50204—2002）中规定，钢筋应平直、无损伤，表面不得有裂纹、油污、颗粒状或片状老锈。生锈的钢筋不能与混凝土很好粘接，从而影响钢筋与混凝土共同受力工作。若锈皮不清除干净，还会继续发展，所以除锈是钢筋工非常重要的一项工作。

1. 机具

(1) 钢刷、麻袋布、砂盘。

(2) 固定式钢筋除锈机（见图 4—26）。

2. 工艺

(1) 人工除锈。工作量不大或在工地设置的临时工棚中操作时，可用麻袋布擦或用钢丝刷刷。对于较粗的钢筋，可用砂盘除锈（见图4—27），即制作钢槽或木槽，槽盘内放置干燥的粗砂和细石子，将有锈的钢筋穿进砂盘中来回抽拉。这类方法工艺简单，但劳动强度相对较大。

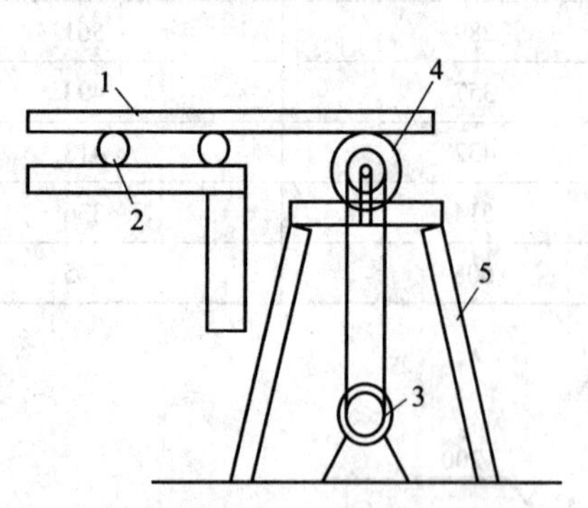

图4—26 固定式钢筋除锈机

1—钢筋 2—滚道 3—电动机 4—钢丝刷 5—机架

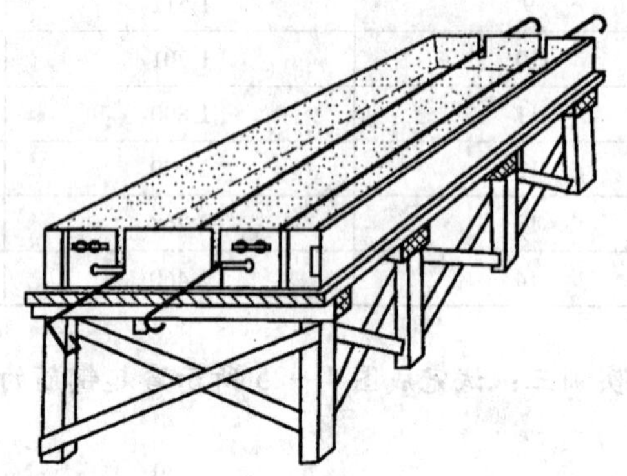

图4—27 砂盘除锈示意图

（2）机械除锈

1）钢筋除锈机除锈。利用除锈机除锈通常采用以下两种施工工艺。

①采用专门的带有圆盘钢丝刷的除锈机除锈，适用于粗钢筋或局部除锈。

②在冷拉和调直过程中自动除锈，适用于处理直径较细的盘条钢筋或钢丝。

机械圆盘钢筋除锈机除锈的具体施工工艺：首先检查除锈机设备，若设备正常则开启电源，当电动机带动圆盘钢丝刷转动时，由操作工人平稳地抬起需除锈的钢筋，与转动的钢丝刷相接触来除锈。在除锈过程中，两名工人的动作应协调，并不断地转动钢筋，以保证钢筋除锈完全。

2）喷砂除锈。喷砂除锈就是利用空压机、储砂罐、喷头等设备，通过空压机产生的强大气流形成高压砂流除锈。这种方法适用于大量除锈的工作，除锈效果好。

（3）酸洗法除锈。将圆盘钢筋放入硫酸或盐酸溶液中，经化学反应除锈，称为酸洗除锈。一般当钢筋需要进行冷拔加工时采用。如果在酸洗除锈前进行机械除锈，可以缩短50%酸洗时间，节约80%以上的酸液。

3. 安全

传动带、钢丝刷等传动部分要设置防护网，必须设有排尘装置，使用前要检查各装置是否能正常工作。

操作时应将钢筋放平握紧，操作人员必须侧身送料，禁止在除锈机的正前方站人；钢筋与钢丝刷松紧程度要适当，避免过紧使钢丝刷损坏，或过松影响除锈效果；钢丝刷转动时不可清扫锈尘，更换钢丝刷时要认真检查，使新换的刷子牢固。

自制的除锈机，应特别注意电气系统的绝缘及接地良好，每次使用前都要检查各部位状况，确保操作安全。

二、调直

钢筋调直是钢筋加工中不可缺少的工序，如果使用未经调直的钢筋，不仅在施工中会影响钢筋下料长度的准确性，还会影响钢筋成形、绑扎等过程的准确性。弯曲不直的钢筋在混凝土中不能与混凝土共同工作而导致混凝土出现裂缝，甚至产生不应有的破坏。

1．机具

（1）导轮牵引调直装置（见图4—28）。

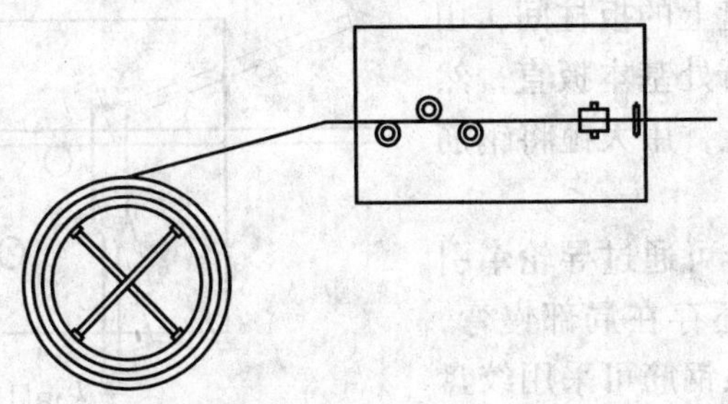

图4—28 导轮牵引调直装置

（2）绞盘拉直装置（见图4—29）。

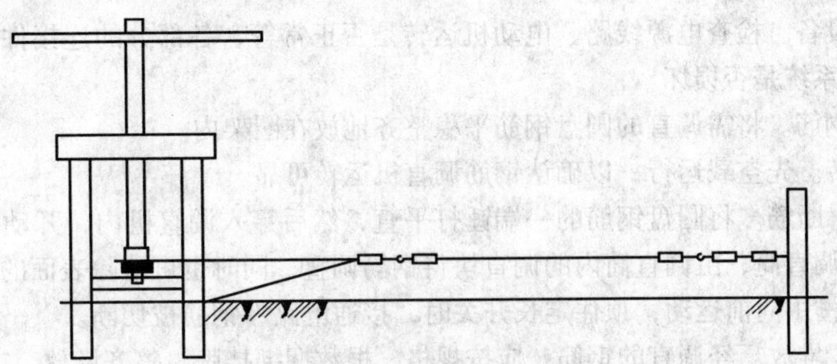

图4—29 绞盘拉直装置

（3）钢筋调直切断机。常用型号为GT1.6/4、GT3/8、GT6/12（型号中斜线两侧数字表示所能调直切断的钢筋直径的上下限）。图4—30所示为GT3/8型调直切断机。

2．工艺

图4—30 GT3/8型调直切断机

（1）手工调直。直径在 10 mm 以下的圆盘钢筋，在施工现场一般采用手工调直。其方法是在一个平直的工作台上用锤子将钢筋弯折处敲打平直。

直径在 10 mm 以上的钢筋，调直方法是将钢筋弯折处放在卡盘上的扳柱间，用平头横口扳子将钢筋弯折处基本扳直，然后再将钢筋放在工作台上，用大锤将钢筋调直，如图 4—31 所示。

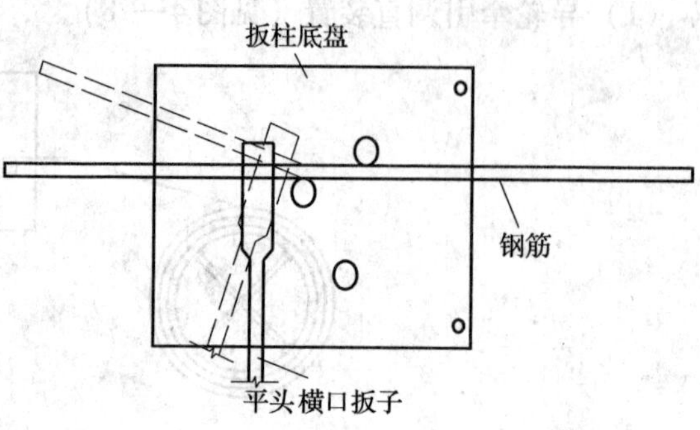

图 4—31　钢筋手工调直

对于冷拔低碳钢丝，可通过导轮牵引调直。如牵引过的钢丝还存在局部慢弯，可用小锤敲打平直；盘条钢筋可采用绞盘拉直，对于直条粗钢筋一般弯曲较缓，可就势用扳手扳直。

（2）机械调直

1）检查设备。检查电源线路、电动机运转是否正常等，各部分的连接件、传动件是否可靠，电动机系统是否损坏。

2）放置钢筋。将需调直的圆盘钢筋平稳整齐地放在圈架内。

3）试运转。先空载运行，以确认钢筋调直机运转可靠。

4）调直、断筋。将圆盘钢筋的一端锤打平直，然后穿入调直机内，开动调直机，钢筋经导向筒进入调直筒，由调直筒内的调直块将钢筋调直，同时也可清除表面的锈皮。调直后的钢筋在受料槽中向前运动，顶住定长开关时，接通电路，钢筋被切断。

5）挂牌、堆放。经调直的钢筋，应按规格、根数捆绑挂牌，整齐堆放。

3. 安全

（1）调直机应设置挡板和防护罩以防钢筋伤人。

（2）调直机操作过程中，不要随意抬起传送压辊。

（3）圆盘钢筋在调直过程中，若有乱丝或钢筋脱架现象，应立即停车整理钢筋。

（4）当每盘钢筋调直接近末端时，为防止钢筋尾段甩弯伤人，在钢筋还剩约 80 cm 时，应暂时停机，安装约 1 m 长的钢管套住钢筋末端，手持钢管，将钢管与调直筒前端的导孔拧紧，然后再开机，让钢筋的尾段顺利通过调直筒。

三、钢筋的切断

钢筋经过调直后，就可根据配料单上的下料长度进行切断操作了。

1. 钢筋切断前的准备工作

（1）复核。根据钢筋配料单，复核料牌上所标注的钢筋种类、直径、尺寸、根数是否正确。

（2）下料方案。根据工地的库存钢筋情况做好下料方案，长短搭配，长料长用，短料短用，尽量减少损耗。

（3）量度准确。断料时避免使用短尺量长料，防止在量料中产生累积误差。为此，宜在工作台上标出尺寸刻度线并设置控制断料尺寸用的挡板。

（4）试切钢筋。调试好切断设备，试切 1 ~ 2 根，尺寸无误后再成批加工。

2. 钢筋切断方法

钢筋切断方法分为手工切断和机械切断。

(1) 手工切断。在缺少机械设备时可采用断线钳、手压切断器、手动液压切断器等工具手工切断钢筋。

切断钢丝时可用断线钳，如图 4—32 所示。断线钳是定型产品，按外形长度可分为 450 mm、600 mm、750 mm、900 mm、1 050 mm 等规格。当使用比较长的断线钳时，应有其他工人在旁边压住钢筋，操作断线钳的工人应用脚踩住手柄的一边，等切断位置确定好后用手将另一边的手柄压下以完成切断的工作。

切断直径为 16 mm 以下的 HPB235 钢筋可用手压切断器，如图 4—33 所示。操作时应注意在钢筋的切断位置对准刀口后，再压下手柄。

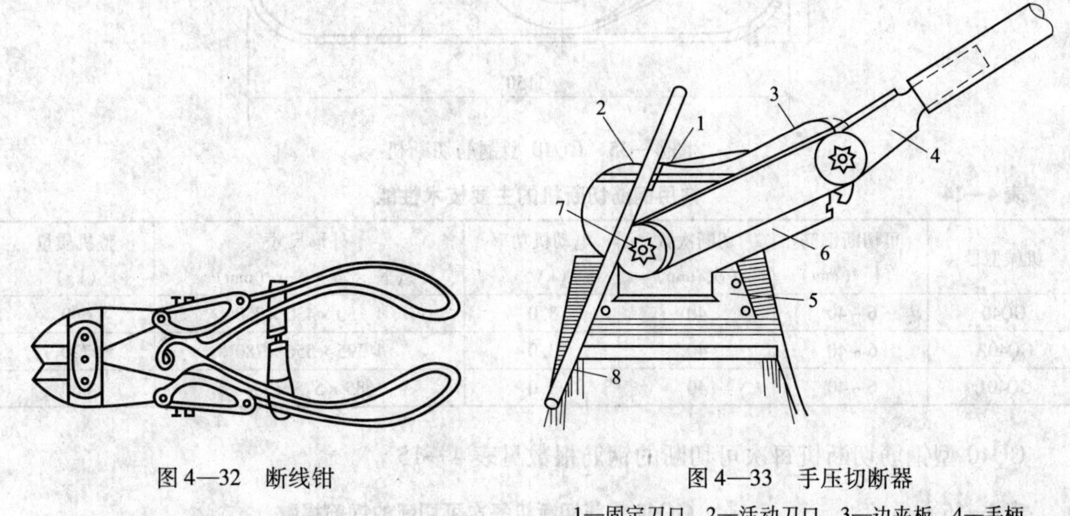

图 4—32　断线钳

图 4—33　手压切断器

1—固定刀口　2—活动刀口　3—边夹板　4—手柄

5—底座　6—固定板　7—轴　8—钢筋

切断直径不超过 16 mm 的钢筋时，还可用 SYJ—16 型手动液压切断器，如图 4—34 所示。这种机具体积小、质量轻，操作简单，便于携带，在工程中应用较为广泛。操作时先将放油阀按顺时针拧紧，然后拔出拔销，拉开滑轨，将需要切断的钢筋放置在滑轨圆槽内，合上滑轨，即可进行切断工作。切断完毕后，立即按逆时针方向旋开。

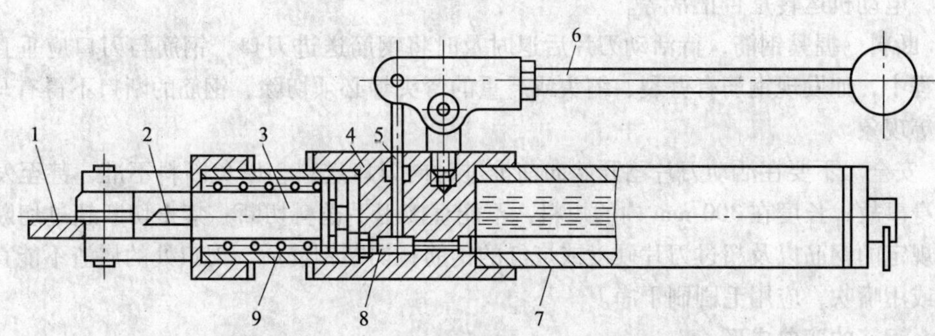

图 4—34　SYJ—16 型手动液压切断器

1—滑轨　2—刀片　3—活塞　4—缸体　5—柱塞

6—压杆　7—储油筒　8—吸油阀　9—回位弹簧

（2）机械切断。机械切断是指通过钢筋切断机这一专用的切断设备来实现钢筋切断。常见的钢筋切断机为 GQ40 型（见图 4—35），型号中的数字表示可切断钢筋的最大公称直径。表 4—14 列出了常用钢筋切断机的主要技术性能。

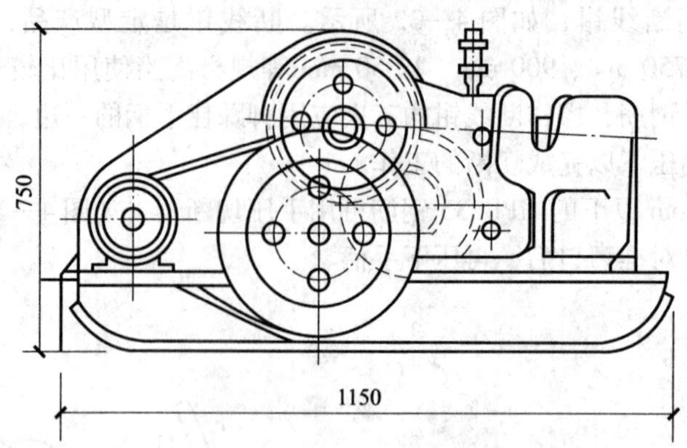

图 4—35　GQ40 型钢筋切断机

表 4—14　　常用钢筋切断机的主要技术性能

机械型号	可切断钢筋直径（mm）	切断次数（次/min）	电动机功率（kW）	外形尺寸（长×宽×高）（mm）	整机质量（kg）
GQ40	6～40	40	3.0	1 150×430×750	600
GQ40A	6～40	40	3.0	1 395×556×780	720
GQ40L	6～40	40	3.0	685×575×984	650

GQ40 型钢筋切断机每次可切断的钢筋根数见表 4—15 。

表 4—15　　GQ40 钢筋切断机每次可切断的钢筋根数

钢筋直径（mm）	5.5～8	9～12	13～16	18～20	20 以上
可切断根数	12～8	6～4	3	2	1

使用钢筋切断机切断钢筋时的注意事项：

1）检查设备。使用前应检查电源线路是否损伤，刀片安装是否正确、牢固，润滑油是否充足，电动机运转是否正常等。

2）断料。握紧钢筋，待活动刀片后退时及时将钢筋送进刀口，钢筋与刀口应垂直。在切断过程中，如发现钢筋有劈裂、缩头或严重的弯头等必须切除，钢筋的断口不得有马蹄形或弯起等现象。

3）安全。不要在活动刀片已开始向前推进时向刀口送料，以免断料不准，甚至发生机械或人身事故；长度在 300 mm 内的短料，不能直接用手送料切断；禁止切断超过切断机技术性能规定的钢筋以及超过刀片硬度或烧红的钢筋；切断钢筋后，刀口处的屑渣不能直接用手清除或用嘴吹，应用毛刷刷干净。

四、钢筋的弯曲成形

钢筋弯曲成形是将已经切断、配好的钢筋按配料单的要求加工成规定的形状和尺寸。钢筋弯曲成形的方法有手工弯曲和机械弯曲两种。钢筋弯曲成形的顺序：准备工作→画线→试弯→弯曲成形。

1．准备工作

钢筋弯曲成形前应熟悉被加工钢筋的规格、形状和各部分尺寸，以便确定弯曲方法、弯曲步骤和所需工具等。

2．画线

即在下好料的钢筋上根据加工形状，用石笔在需要弯曲的位置上做出标记。

精确画线的方法：大批量加工时，首先根据钢筋的弯曲类型、弯曲角度、弯曲半径、扳距等因素，分别计算各段尺寸，然后再根据各段尺寸分段画线。在这些位置画线做标记，称为弯曲点线，即确定钢筋弯曲时的弯起位置。

现场小批量的钢筋加工常采用简便的画线方法，即在画钢筋的分段尺寸时，将不同角度的弯曲调整值从相邻两段长度内各扣一半，画上分段尺寸线（这条线也称为弯曲点线）。画线时需扣除的弯曲调整值可参考表 4—16。

表 4—16　　画线时需扣除的弯曲调整值

弯折角度	90°	60°	45°	30°
弯曲调整值	$2d$	$0.75d$	$0.5d$	$0.25d$

注：d 为弯起钢筋的直径。

现以各类钢筋为例，说明弯曲点线的画线方法。

（1）中部弯起钢筋，如图 4—36 所示。

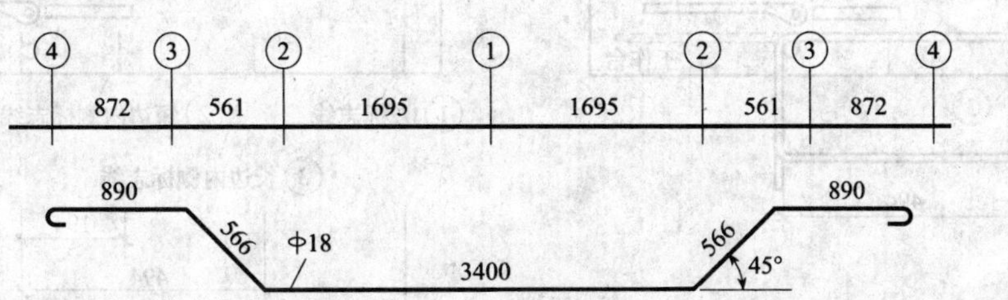

图 4—36　中部弯起钢筋画线示意图

第一步：在钢筋的中心线画第一道线。

第二步：取中段（3400）的 1/2 减去 45°弯曲调整值的一半，即在 $3\,400/2-0.5d/2=1\,700-0.25\times18\approx1\,695$（mm）处画第二道线。

第三步：取斜长（566）减去 45°弯曲调整值的一半，即在 $566-0.25\times18\approx561$（mm）处画第三道线。

第四步：取直段（890）减去 90°弯曲调整值的一半，即在 $890-18=872$（mm）处画第四道线。

（2）直段钢筋，如图 4—37 所示。

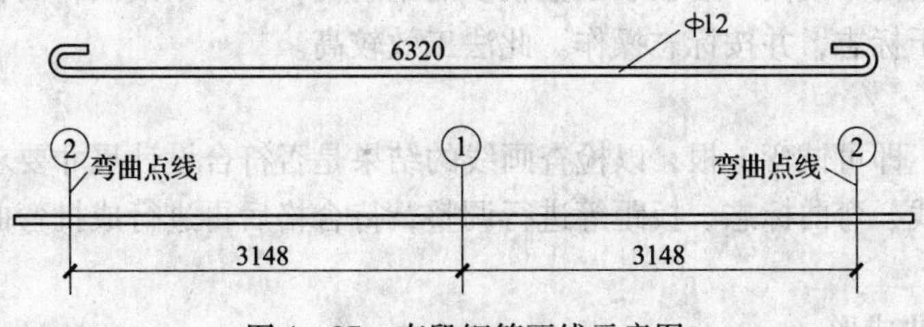

图 4—37　直段钢筋画线示意图

第一步：在钢筋的中心线画第一道线。

第二步：取直段（6320）的 1/2 减去 90°弯曲调整值的一半，即在 $6\,320/2-2d/2=3\,160-1\times12=3\,148$（mm）处画第二道线。

（3）箍筋（内皮尺寸为 500 mm×200 mm，直径为 6 mm，下料长度为 1 481 mm），其画线步骤如图 4—38 所示。

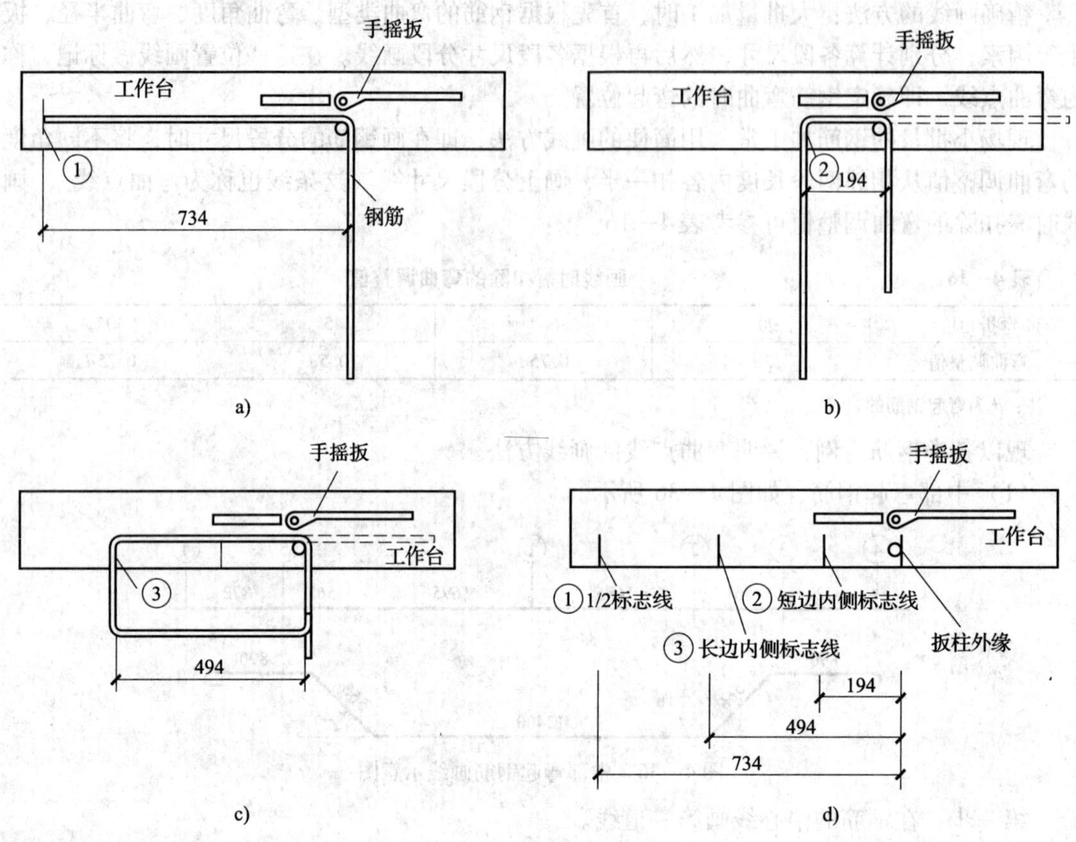

图 4—38　箍筋画线示意图

第一步：在距扳柱外缘 $1\,481/2-d\approx734$（mm）的位置画第一道线①，即 1/2 标志线。

第二步：在距扳柱外缘 $200-d=194$（mm）的位置画第二道线②，即短边内侧标志线。

第三步：在距扳柱外缘 $500-d=494$（mm）的位置画第三道线③，即长边内侧标志线。

以上画的线段即钢筋的弯曲点线，弯制钢筋时即可按这些线段进行弯制。弯曲的角度须在工作台上放出大样。

弯制形状比较简单或同一形状、根数较多的钢筋时，可以不画线，而在工作台上按各段尺寸要求固定若干标志，并按标志操作。此法工效较高。

3．试弯

钢筋画线后，即可试弯 1 根，以检查画线的结果是否符合设计尺寸要求。如不符合，应对弯曲顺序、画线、弯曲标志、扳距等进行调整，待合格后再进行成批弯曲。

4．弯曲成形

（1）手工弯曲成形

1）工具和设备。手工弯曲设备简单，常用于弯曲工序少或缺少动力设备的中小型施工现场。常用的有：

①工作台。钢筋的弯曲应在工作台上进行。工作台外形如图 4—39 所示。

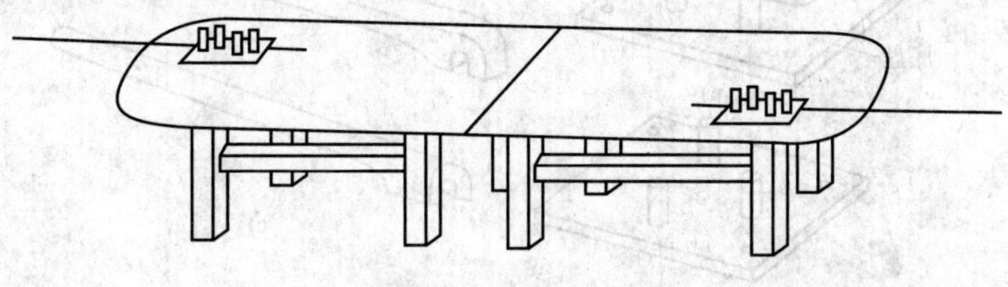

图 4—39　工作台外形

弯曲细钢筋时台面尺寸一般为 4 000 mm × 800 mm（长 × 宽），弯曲粗钢筋时为 8 000 mm × 800 mm（长 × 宽），高度为 900 mm ~ 1 000 mm。工作台可用木板钉制或采用钢制结构。

工作台要求稳固牢靠，能够在承受钢筋弯曲外力时不发生晃动。

②手摇扳。手摇扳由钢板底盘、扳柱、扳手组成，如图 4—40 所示。它主要用来弯制直径在 12 mm 以下的钢筋。操作时，底盘必须固定在工作台上且底盘表面应与工作台面平行。

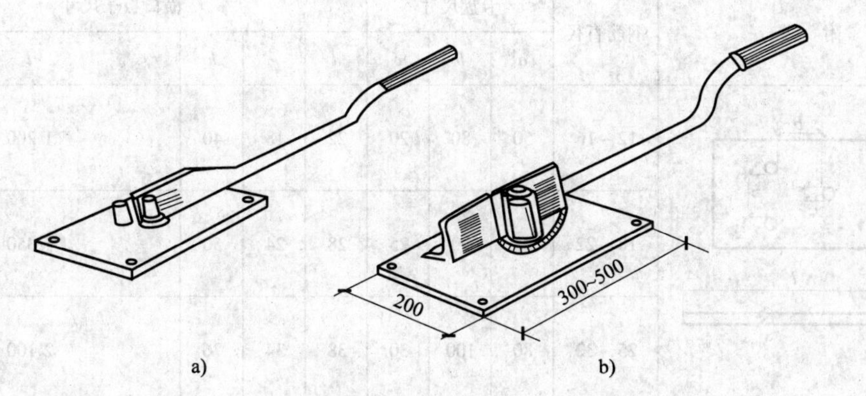

图 4—40　手摇扳
a）弯单根钢筋的手摇扳　b）弯多根钢筋的手摇扳

③卡盘。卡盘用来弯制粗钢筋，它由钢板底盘和扳柱组成。扳柱焊在底盘上，底盘需固定在工作台上。卡盘有两种形式：

一种是四扳柱卡盘（见图 4—41a）。扳柱水平方向净距约为 100 mm，垂直方向净距约为 34 mm。它最大可弯制直径为 32 mm 的钢筋，在弯制直径 28 mm 以下的钢筋时，在后面两个扳柱上要加上不同厚度的钢套。

另一种是三扳柱卡盘（见图 4—41b）。扳柱两斜边净距约为 100 mm，底边净距约为 80 mm。这种卡盘不需要配钢套，扳柱的直径视所弯钢筋的粗细而定。一般选用直径为 20 ~ 25 mm 的钢筋，可用厚 12 mm 的钢板制作卡盘底盘。

④钢筋扳子。钢筋扳子是弯制钢筋的手柄工具，它主要与卡盘配合使用，分为横口扳子和顺口扳子两种（见图 4—41c）。

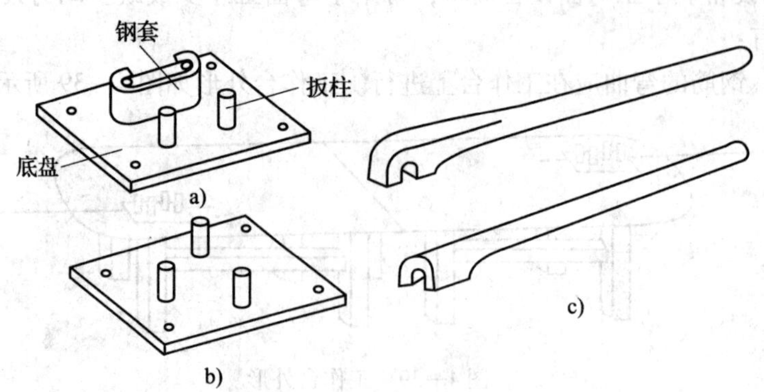

图 4—41　卡盘与钢筋扳子

a）四扳柱卡盘　b）三扳柱卡盘　c）钢筋扳子

钢筋扳子的扳口尺寸应比所弯制的钢筋直径大 2 mm。弯曲钢筋时应配有各种规格的扳子。

三扳柱卡盘和横口扳子的主要尺寸见表 4—17。

表 4—17　　三扳柱卡盘和横口扳子的主要尺寸　　mm

<table>
<tr><th rowspan="2">附图</th><th rowspan="2">钢筋直径</th><th colspan="3">卡盘尺寸</th><th colspan="4">横口扳子尺寸</th></tr>
<tr><th>a</th><th>b</th><th>c</th><th>d</th><th>e</th><th>h</th><th>l</th></tr>
<tr><td rowspan="3">b a c l h d e</td><td>12 ~ 16</td><td>50</td><td>80</td><td>20</td><td>22</td><td>18</td><td>40</td><td>1 200</td></tr>
<tr><td>18 ~ 22</td><td>65</td><td>90</td><td>25</td><td>28</td><td>24</td><td>50</td><td>1 350</td></tr>
<tr><td>25 ~ 32</td><td>80</td><td>100</td><td>30</td><td>38</td><td>34</td><td>76</td><td>2 100</td></tr>
</table>

2）手工弯曲成形步骤。为保证钢筋弯曲形状和弯曲弧准确，操作时扳子不碰到扳柱，扳子与扳柱间应保持一定距离。一般，扳子与扳柱之间的距离可参考表 4—18。

表 4—18　　扳子与扳柱之间的距离

弯折角度	45°	90°	135°	180°
扳距	（1.5 ~ 2）d	（2.5 ~ 3）d	（3 ~ 3.5）d	（3.5 ~ 4）d

注：d 为弯曲钢筋的直径。

扳距、弯曲点线和扳柱的关系如图 4—42 所示。弯 90°以内的角度时，弯曲点线可与扳柱的外边缘持平；弯 135° ~ 180°时，弯曲点线距扳柱边缘的距离约为一个钢筋的直径（d）。

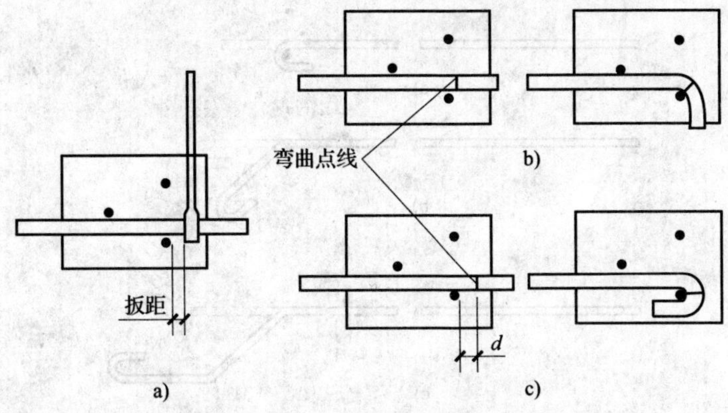

图 4—42　扳距、弯曲点线和扳柱的关系

不同钢筋的弯曲成形步骤分述如下：

①箍筋的弯曲成形。箍筋的弯曲成形步骤分为五步，如图 4—43 所示。

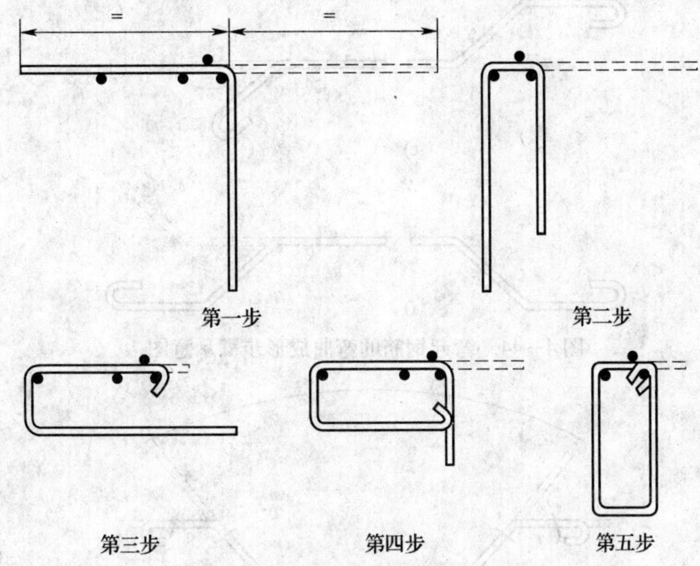

图 4—43　箍筋的弯曲成形步骤示意图

第一步：按照在工作台上标出的 1/2 长标记线位置，弯折 90°。

第二步：根据短边内侧标记线，弯折短边 90°。

第三步：根据长边内侧标记线，弯折长边 135°弯钩。

第四步：再根据长边内侧标记线，弯折长边 90°。

第五步：根据短边内侧标记线，弯折短边 135°弯钩。

②弯起钢筋的弯曲成形。弯起钢筋的弯曲成形步骤如图 4—44 所示。一般弯起钢筋的长度较长，故通常在工作台的两端设置卡盘，分别在工作台的两端同时完成弯曲成形工序。

当钢筋的弯曲形状比较复杂时，可预先放出实样，再用扒钉钉在工作台上，以控制各个弯转角，如图 4—45 所示。

3）手工弯曲注意事项

①弯制钢筋时，扳子一定要托平，不能上下摆动，以免弯出的钢筋产生翘曲。

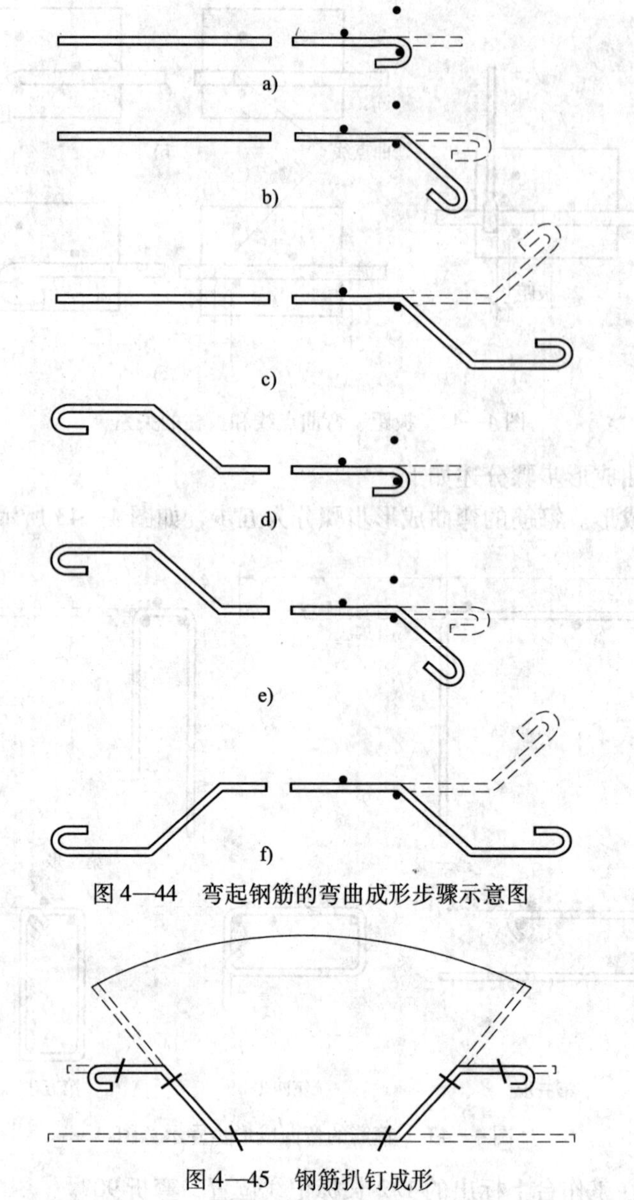

图 4—44　弯起钢筋的弯曲成形步骤示意图

图 4—45　钢筋扒钉成形

②注意放正弯曲点线，搭好扳子，注意扳距，以保证弯制后钢筋的形状、尺寸准确。起弯时用力要慢，防止扳子脱落，结束时要平稳。

③不允许在高空或脚手架上弯制粗钢筋，以防钢筋坠落伤人或因操作时脱扳造成人员高空坠落。

④在弯折配筋密集的构件钢筋时，要严格控制钢筋各段尺寸及弯起角度，每种编号钢筋应试弯一个，安装合适后再成批加工。

（2）机械弯曲成形

1）机械设备

①钢筋弯曲机。钢筋弯曲机是钢筋机械加工的主要机具设备，其生产率高，质量易于保证。其常用型号有 GW40 型和 GW50 型等，型号中的数字表示可弯曲钢筋的最大公称直径。

常见钢筋弯曲机的主要技术性能见表 4—19，GW40 型钢筋弯曲机每次允许弯曲根数见表 4—20。

表 4—19　　常见钢筋弯曲机的主要技术性能

机械型号	可弯钢筋直径（mm）	弯曲转速（r/min）	电动机功率（kW）	外形尺寸（长×宽×高）（mm）	整机质量（kg）
GW40	6 ~ 40	5	350	870 × 760 × 710	400
GW40A	6 ~ 40	9	350	1 050 × 760 × 828	450
GW50	25 ~ 50	2. 5	320	1 450 × 800 × 760	580

表 4—20　　GW40 钢筋弯曲机每次允许弯曲根数

钢筋直径（mm）	10 ~ 12	14 ~ 16	18 ~ 20	22 ~ 40
可弯曲根数	4 ~ 6	3 ~ 4	2 ~ 3	1

GW40 型钢筋弯曲机的俯视图如图 4—46 所示。

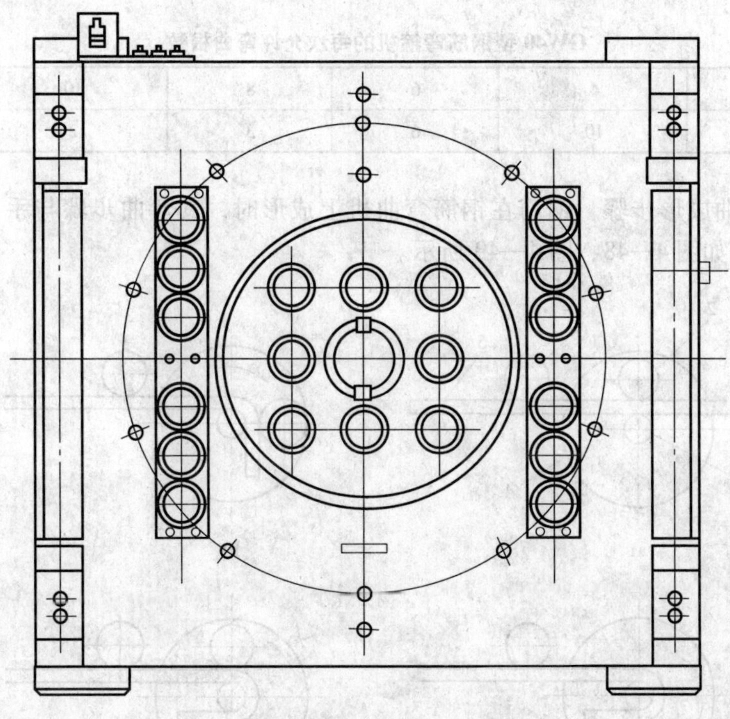

图 4—46　GW40 型钢筋弯曲机的俯视图

②钢筋弯箍机。钢筋弯箍机是一种弯制箍筋的专用机械，其工作效率高，加工质量稳定。钢筋弯箍机的工作台面如图 4—47 所示，GW40 型钢筋弯箍机的技术性能及每次允许弯曲根数分别见表 4—21 和表 4—22。

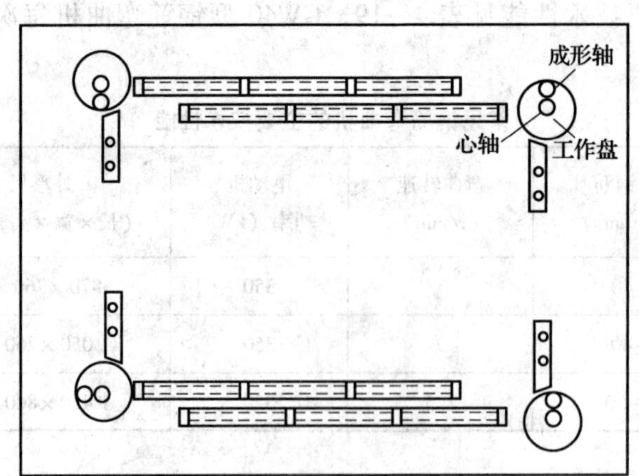

图 4—47　钢筋弯箍机的工作台面

表 4—21　**GW40 型钢筋弯箍机的技术性能**

钢筋直径（mm）	工作盘直径（mm）	弯曲速度（r/min）	电动机功率（kW）	外形尺寸（长×宽×高）（mm）
6~12	240	31	3	1 900×1 452×900

表 4—22　**GW40 型钢筋弯箍机的每次允许弯曲根数**

钢筋直径（mm）	4	6	8	10	12
可弯曲根数	10	6	3	2	1

2）机械弯曲成形步骤。钢筋在钢筋弯曲机上成形时，其弯曲步骤与手工弯曲基本相同，其操作过程如图 4—48、图 4—49 所示。

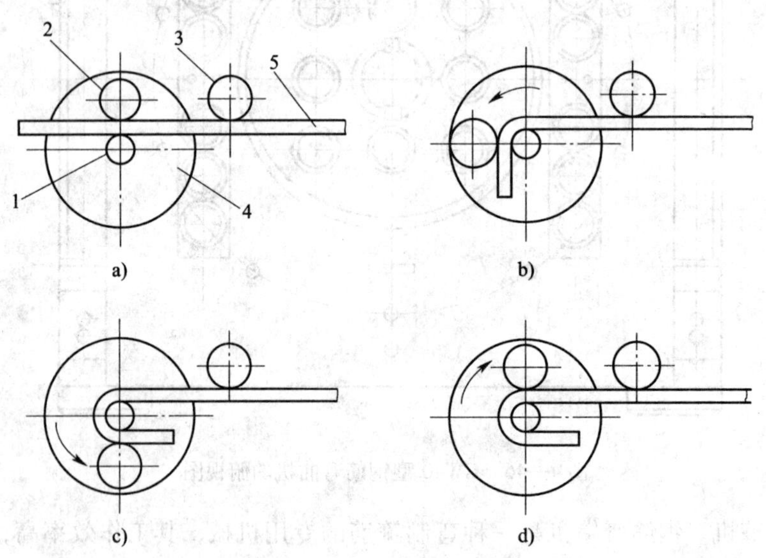

图 4—48　钢筋弯曲机的操作过程

1—心轴　2—成形轴　3—挡铁轴　4—工作盘　5—钢筋

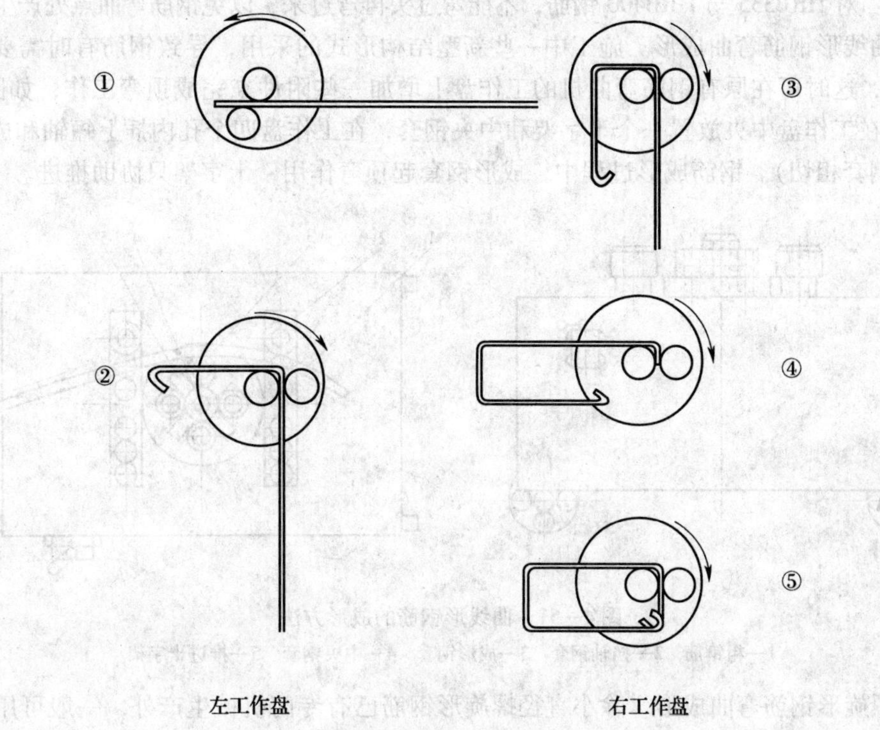

图 4—49　钢筋弯箍机弯制箍筋的操作顺序

机械弯曲成形时，心轴直径应是钢筋直径的 2.5 ~ 5.0 倍，成形轴宜加偏心轴套，以便适应不同直径的钢筋弯曲需要。弯曲细钢筋时，为了使弯弧一侧的钢筋保持平直，挡铁轴宜做成可变挡架或固定挡架（加铁板调整）。挡架如图 4—50 所示。

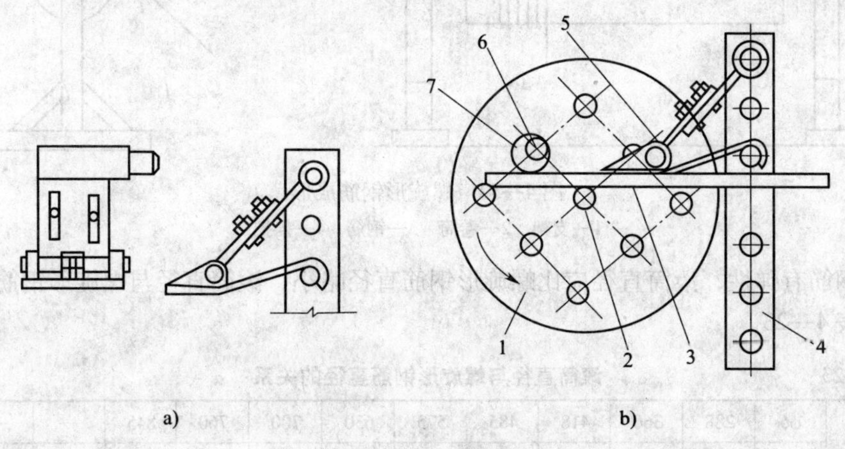

图 4—50　挡架

a）可变挡架　b）可变挡架的使用

1—工作盘　2—心轴　3—钢筋　4—插入座　5—可变挡架　6—成形轴　7—偏心轴套

机械弯曲成形时，由于成形轴和心轴同时转动，就会带动钢筋向前滑移。因此，钢筋弯折 90°时，弯曲点线约与心轴内边缘齐；弯折 180°时，弯曲点线距心轴内边缘（1.0 ~ 1.5）d（钢筋较硬时取大值）。

注意：对 HRB335 与 HRB400 钢筋，不能弯过头再弯过来，以免钢筋弯曲点处产生裂纹。

3）曲线形钢筋弯曲成形。施工中一些新型结构形式的采用，导致钢筋有时需要弯曲成曲线形状，这时可在原有钢筋弯曲机的工作盘上增加一些附件来完成顶弯工作，如图 4—51 所示。如在工作盘中央放置一个十字架和中央钢套，在工作盘四个孔内插上短轴和成形钢套（与中央钢套相切）。钢筋成形过程中，成形钢套起顶弯作用，十字架只协助推进。

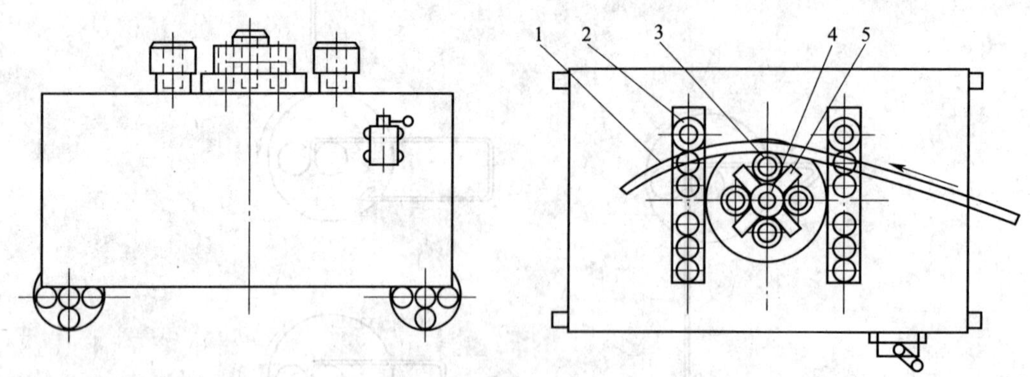

图 4—51　曲线形钢筋的成形方法

1—粗钢筋　2—挡轴钢套　3—成形钢套　4—中央钢套　5—推进十字架

4）螺旋形钢筋弯曲成形。除小直径螺旋形钢筋已有专门机械生产外，一般可用手摇滚筒或机械传动滚筒完成螺旋形钢筋弯曲成形（见图 4—52）。

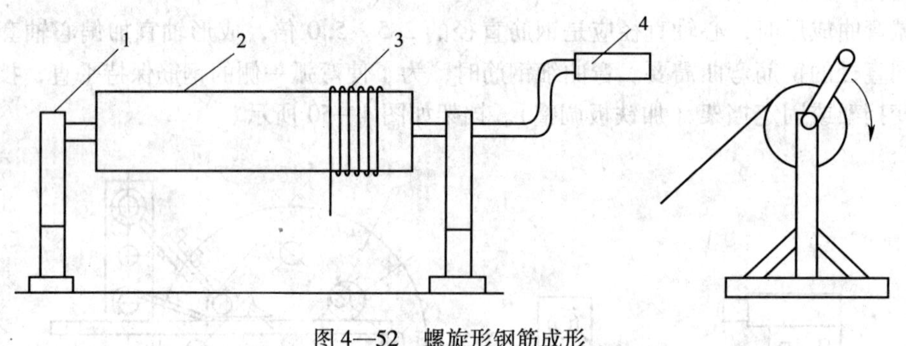

图 4—52　螺旋形钢筋成形

1—支架　2—卷筒　3—钢筋　4—摇把

由于钢筋有弹性，滚筒直径应比螺旋形钢筋直径略小，滚筒直径与螺旋形钢筋直径的关系可参考表 4—23。

表 4—23　　滚筒直径与螺旋形钢筋直径的关系　　mm

螺旋筋内径	$\phi 6$	288	360	418	485	575	630	700	760	845	—	—	—
	$\phi 8$	270	325	390	440	500	565	640	690	765	820	885	965
滚筒直径		260	310	365	410	460	510	555	600	660	710	760	810

5）机械弯曲注意事项：

①对操作人员进行岗前培训和岗位教育，严格执行操作规程。

②钢筋弯曲机应设专人负责，非工作人员不得随意操作。

③用钢筋机弯曲钢筋时，应先做试弯以摸索规律。

④操作前要对机械的传动部分、各工作机构、防护设备、电动机接地及各润滑部位进行全面检查，然后试运转，确认正常后方可开机作业。

⑤要熟悉倒顺开关的使用方法及所控制的工作盘旋转方向，使钢筋的放置与成形轴、挡铁轴的位置相配合。

⑥严禁在机械运转过程中更换心轴、成形轴、挡铁轴，或进行清扫、加注润滑油等。保养工作必须在停机后方可进行。

⑦钢筋在弯曲机上进行弯曲时，其形成的圆弧弯曲直径是借助于心轴直径实现的，故要根据钢筋直径和所要求的圆弧弯曲直径随时更换心轴、成形轴。

⑧钢筋弯曲机运转时，成形轴与心轴同时转动，有时可能会带动钢筋向前滑移。所以弯曲后点线会走偏，所画点线和心轴边缘的距离应参考机械的使用要求和经验来确定。

⑨弯曲较长的钢筋应有专人帮助扶持，帮助人员应听从指挥，不得任意推送。

5．弯曲成形的成品管理

对钢筋加工工序而言，弯曲成形后的钢筋就算成品。

（1）成品的质量要求。成品质量必须通过加工操作人员自检，进入成品仓库的要由专职质量检查人员复检合格。

钢筋加工的质量按照《混凝土结构工程施工质量验收规范》（GB 50204—2002）的规定，应满足下列要求：

1）钢筋弯钩、弯折形状和尺寸要求应符合表4—24。

表4—24　　钢筋弯钩、弯折形状和尺寸要求

钢筋类型	牌号或用途	形状	弯弧内直径	弯钩平直部分长度
受力钢筋	HPB235	180°弯钩	≥2.5d	≥3d
	HRB335、HRB400	135°弯钩	≥4d	按设计要求
	—	≤90°弯钩	≥5d	—
箍筋	一般结构	≥90°弯钩	≥2.5d_0，≥d	≥5d_0
	抗震结构	135°弯钩	≥2.5d_0，≥d	≥10d_0

注：d_0为箍筋直径，d为受力钢筋直径。

2）钢筋加工的允许偏差应符合表4—25。

表4—25　　钢筋加工的允许偏差　　mm

项目	允许偏差
受力钢筋顺长度方向全长的净尺寸	±10
弯起钢筋的弯折位置	±20
箍筋内径尺寸	±5

（2）成品保护

1）钢筋成品在运送、堆放过程中必须轻抬轻放，避免产生变形。

2）钢筋成品经验收合格后，应按编号挂上料牌，分类堆放。

3）钢筋成品堆放时可按使用的先后顺序堆放，防止先用的被压在下面，避免使用时翻垛造成成形钢筋变形。

4）钢筋成品应堆放在库房里，库房应防雨防水，地面保持干燥，并做好支垫。

练习与实训

一、练习题

1. 判断题（正确的画“√”，错误的画“×”）

（1）用于工程的钢筋应平直、无损伤，表面不得有裂纹、油污、颗粒状或片状老锈。（　　）

（2）钢筋弯曲成形的顺序是画线—弯曲成形—试弯。（　　）

（3）钢筋成品在运送过程中可重拿重放。（　　）

（4）钢筋的除锈是为了保证钢筋与混凝土之间有足够的黏结力。（　　）

（5）未经调直或不平直的曲折钢筋，在钢筋混凝土结构中是不允许使用的。（　　）

（6）盘钢在使用前，必须经过放盘调直工序。（　　）

（7）钢筋的除锈方法有很多种，常用的有人工除锈、机械除锈和酸洗法除锈。（　　）

（8）用钢筋切割机切断 1 000 mm 以下的短料时，不可用手送料。（　　）

（9）钢筋切断机可以切断烧红的钢筋。（　　）

（10）手摇扳主要用来弯制直径在 16 mm 以下的钢筋。（　　）

2. 选择题（将正确答案的代号写在括号内）

（1）加工钢筋时，箍筋内径尺寸允许的偏差为（　　）mm。

A. ±2　　B. ±5　　C. ±3　　D. ±10

（2）使用 GW40 型弯曲机时，可弯曲钢筋的直径范围为（　　）mm。

A. 6～40　　B. 25～50　　C. 6～50　　D. 6～25

（3）手压切断器可切断 16 mm 以下的（　　）级钢筋。

A. HPB235　　B. HRB335　　C. HRB400　　D. HRB500

（4）手摇扳适用于弯制（　　）mm 以下的钢筋。

A. 12　　B. 16　　C. 20　　D. 30

（5）用滚筒进行 ϕ6 螺旋形钢筋弯曲成形时，若螺旋筋弯曲半径为 315 mm，滚筒直径应选（　　）。

A. 410　　B. 510　　C. 500　　D. 600

（6）弯起钢筋的弯折位置允许的偏差是（　　）mm。

A. ±20　　B. ±15　　C. ±30　　D. ±10

（7）用钢筋切割机切断（　　）mm 以下的短料时，不可用手送料。

A. 200　　B. 300　　C. 600　　D. 800

（8）SYJ—16 型手动液压切断器可切断（　　）mm 以下的钢筋。

A. 12　　B. 16　　C. 20　　D. 30

（9）成形钢筋变形的原因是（　　）。

A. 地面不平　　　　　　　　　　B. 钢筋质量不好

C. 成形时变形　　　　　　　　　D. 堆放不合格

(10) 钢筋调直加工中（　　）。

A. 不可调直　　　　　　　　　　B. 需机械调直

C. 需人工调直　　　　　　　　　D. 需人工调直或机械调直

二、实训与指导

1. 钢筋加工工具的识别与使用方法

(1) 手工工具。断线钳、钢筋扳手、手摇扳。

(2) 机械设备。钢筋切断机、钢筋弯曲机、钢筋弯箍机、钢筋调直机。

2. 对钢筋进行除锈与调直处理

(1) 训练内容。对钢筋进行人工除锈和机械除锈，对盘条进行调直。

(2) 训练目的。正确使用钢筋除锈设备和调直设备，并掌握常用除锈工艺和调直工艺的操作方法。

3. 钢筋的切断与弯曲操作

对给定的钢筋进行手工切断或机械切断操作，并对钢筋进行弯曲加工（参考图4—25）。

(1) 训练内容。对钢筋进行手工切断或机械切断，并对其进行弯曲加工。

(2) 训练目的。正确使用钢筋切断机，掌握钢筋切断和弯曲的操作方法。

模块三　钢筋连接

知识技能要求

1. 能正确选用钢筋的连接机具和辅料。

2. 熟悉各种钢筋焊接的操作规程，并熟悉钢筋焊接接头的质量检验与验收方法。

3. 熟悉钢筋机械连接的操作规程，掌握钢筋机械连接质量的现场检验方法。

工程上所用的钢筋除少量直径小的（一般在8 mm以下）以圆盘供货外，其余均以直条供应。直条供货长度一般在6~9 m之间，当构件中所需钢筋长度超过供货长度时，或为节约钢材合理利用下料后剩余段的钢筋时，就需要把这些钢筋接长后使用，所以钢筋连接是钢筋工经常遇到的一项工作。

目前，工程上钢筋连接的方法有焊接、机械连接及绑扎搭接。前两种方法受力可靠但工艺要求高；绑扎搭接方法相对而言工艺简单、施工方便，在工程上应用较广，安排在模块四中讲述。

一、钢筋焊接

钢筋焊接的方法有电阻点焊、闪光对焊、电弧焊、电渣压力焊、气压焊、预埋件钢筋埋弧压力焊等。需强调的是，从事钢筋焊接施工的焊工必须持有焊工合格证才能上岗操作。

《钢筋焊接及验收规程》（JGJ 18—2003）对钢筋焊接方法的适用范围有规定，见表4—26。

表 4—26　　　　　　　　　　　钢筋焊接方法的适用范围

<table>
<tr><th colspan="3" rowspan="2">焊接方法</th><th rowspan="2">接头形式</th><th colspan="2">适用范围</th></tr>
<tr><th>钢筋牌号</th><th>钢筋直径（mm）</th></tr>
<tr><td colspan="3">电阻点焊</td><td> 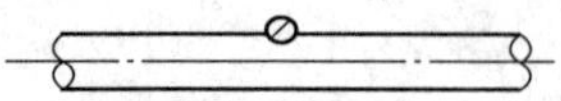</td><td>HPB235
HRB335
HRB400
CRB550</td><td>8～16
6～16
6～16
4～12</td></tr>
<tr><td colspan="3">闪光对焊</td><td> 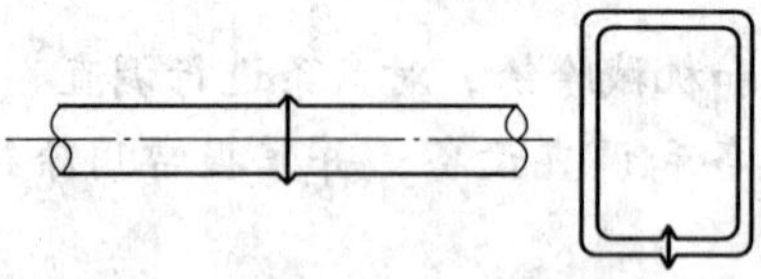</td><td>HPB235
HRB335
HRB400
RRB400
HRB500
Q235</td><td>8～20
6～40
6～40
10～32
10～40
6～14</td></tr>
<tr><td rowspan="6">电弧焊</td><td rowspan="2">帮条焊</td><td>双面焊</td><td> 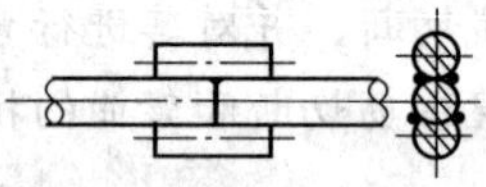</td><td>HPB235
HRB335
HRB400
RRB400</td><td>10～20
10～40
10～40
10～25</td></tr>
<tr><td>单面焊</td><td> 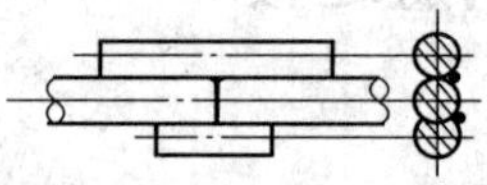</td><td>HPB235
HRB335
HRB400
RRB400</td><td>10～20
10～40
10～40
10～25</td></tr>
<tr><td rowspan="2">搭接焊</td><td>双面焊</td><td> 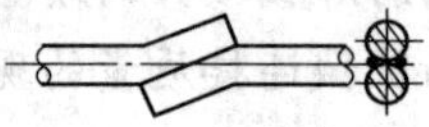</td><td>HPB235
HRB335
HRB400
RRB400</td><td>10～20
10～40
10～40
10～25</td></tr>
<tr><td>单面焊</td><td> 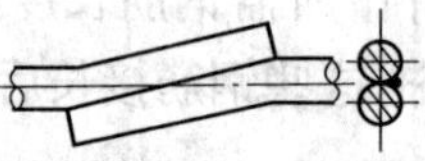</td><td>HPB235
HBR335
HRB400
RRB400</td><td>10～20
10～40
10～40
10～25</td></tr>
<tr><td colspan="2">熔槽帮条焊</td><td> 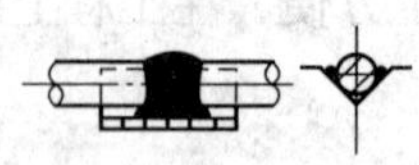</td><td>HPB235
HRB335
HRB400
RRB400</td><td>20
20～40
20～40
20～25</td></tr>
<tr><td>坡口焊</td><td>平焊</td><td> 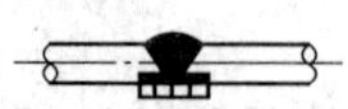</td><td>HPB235
HRB335
HRB400
RRB400</td><td>18～20
18～40
18～40
18～25</td></tr>
</table>

续表

焊接方法			接头形式	适用范围	
				钢筋牌号	钢筋直径（mm）
电弧焊	坡口焊	立焊		HPB235 HRB335 HRB400 RRB400	18～20 18～40 18～40 18～25
电弧焊	钢筋与钢板搭接焊			HPB235 HRB335 HRB400	8～20 8～40 8～25
电弧焊	窄间隙焊			HPB235 HR335 HRB400	16～20 16～40 16～40
电弧焊	预埋件电弧焊	角焊		HPB235 HRB335 HRB400	8～20 6～25 6～25
电弧焊	预埋件电弧焊	穿孔塞焊		HPB235 HRB335 HRB400	20 20～25 20～25
电渣压力焊				HPB235 HRB335 HRB400	14～20 14～32 14～32
气压焊				HPB235 HRB335 HRB400	14～20 14～40 14～20
预埋件钢筋埋弧压力焊				HPB235 HRB335 HRB400	8～20 6～25 6～25

注：1. 电阻点焊时，适用范围中的钢筋直径是指2根不同直径钢筋交叉叠接中较小钢筋的直径。

2. 当设计图样规定对冷拔低碳钢丝焊接网进行电阻点焊，或对原RL540钢筋（Ⅳ级）进行闪光对焊时，可按本规程相关条款的规定实施。

3. 钢筋闪光对焊含封闭环式箍筋闪光对焊。

1．钢筋电阻点焊

钢筋电阻点焊是将两钢筋安放成交叉叠接形式，压紧于两电极之间，利用电阻热熔化母材金属，加压形成焊点的一种压焊方法。

钢筋电阻点焊主要用于钢筋的交叉连接，如混凝土结构中的钢筋焊接骨架、钢筋焊接网等。它生产率高，节约材料，应用比较广泛。

（1）点焊机。点焊机如图 4—53 所示，主要由加压机构、焊接回路、电极等组成。

其工作原理是钢筋交叉点焊时，接触点小，接触处的电极电阻很大，接触瞬间产生的巨大热量使金属熔化，在电极压力下使焊点的金属得到焊合。

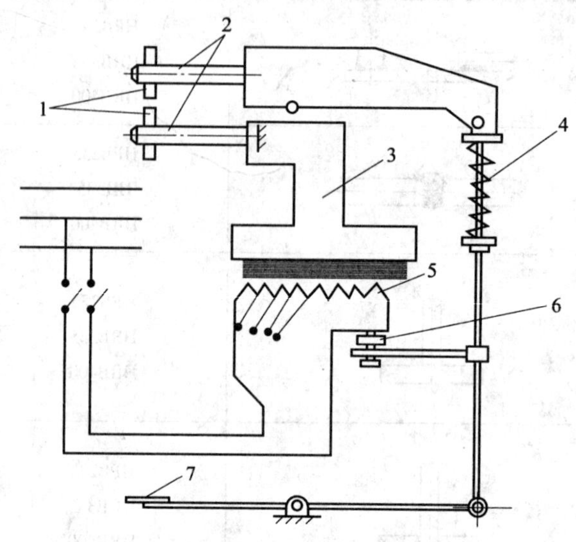

图 4—53　点焊机

1—电极　2—电极臂　3—变压器的次级线圈　4—加压机构
5—变压器的初级线圈　6—断路器　7—踏板

（2）操作工艺。钢筋电阻点焊工艺过程包括预压、通电、锻压 3 个阶段，电阻点焊时应根据钢筋牌号、直径以及焊机性能等具体情况，选择合适的变压器级数、焊接通电时间和电极压力。焊点的压入深度应为较小钢筋直径的 18% ~25%。

（3）注意事项

1）当两根钢筋直径不同时，焊接骨架中较小钢筋的直径若小于或等于 10 mm，则大、小钢筋直径之比不宜大于 3；较小钢筋的直径若为 12 ~ 16 mm 时，大、小钢筋直径之比不宜大于 2。对焊接网，则要求较小钢筋直径不得小于较大钢筋直径的 0.6 倍。

2）在点焊生产中，电极端部除应经常保持清洁和平整之外，当发现电极使用产生变形时应及时修整。

3）点焊钢筋时，电极的直径应根据较细钢筋的直径选用，并应符合表 4—27 的规定。

表 4—27　　电极直径的选用　　mm

较细钢筋的直径	3 ~ 10	12 ~ 14
电极直径	30	40

4）焊接的钢筋必须无锈，经常保持电极与钢筋之间接触良好，焊机接通电源后应检查有无漏电现象。

（4）质量检验与验收。《钢筋焊接及验收规程》（JGJ 18—2003）对钢筋电阻点焊的质量检验与验收有明确规定。

1）焊接骨架的外观质量检查结果应符合下列要求：

第一，每件制品的焊点脱落、漏焊数量不得超过焊点总数的4%，且相邻焊点不得脱落或漏焊。

第二，应测量焊接骨架的长度和宽度，并抽查纵、横方向3～5个网格的尺寸，其允许偏差应符合表4—28的规定。

表4—28　　焊接骨架的允许偏差

项目		允许偏差（mm）
焊接骨架	长度	±10
	宽度	±5
	高度	±5
骨架箍筋间距		±10
受力主筋	间距	±15
	排距	±5

当外观检查结果不符合上述要求时，应逐件检查，并挑出不合格品。对不合格品经整修后，可提交二次验收。

2）焊接网外形尺寸检查和外观质量检查结果应符合下列要求：

第一，焊接网的长度、宽度及网格尺寸的允许偏差均为±10 mm，网片两对角线之差不得大于10 mm，网格数量应符合设计规定。

第二，焊接网交叉点开焊的数量不得大于整个网片交叉点总数的1%，且任一根横筋上开焊点数不得大于该根横筋交叉点总数的1/2；焊接网最外边钢筋上的交叉点不得开焊。

第三，焊接网组成的钢筋表面不得有裂纹、折叠、结疤、凹坑、油污及其他影响使用的缺陷，但焊点处可有不大的毛刺和表面浮锈。

2. 钢筋闪光对焊

钢筋闪光对焊是将两钢筋安放成对接形式，利用电阻热使接触点金属熔化，产生强烈飞溅，形成闪光，迅速施加顶锻力完成的一种压焊方法。

钢筋的对接焊接宜采用闪光对焊，它常用于钢筋棱长及预应力钢筋与螺纹端杆的焊接。闪光对焊后钢筋外形如图4—54所示。

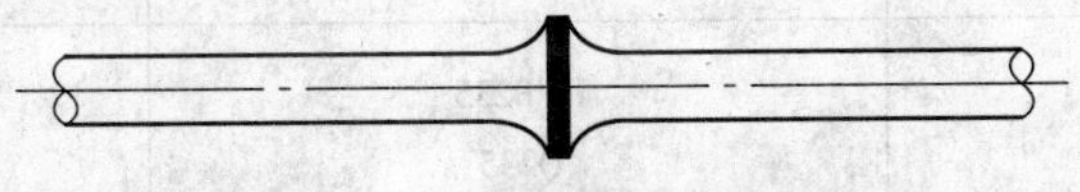

图4—54　闪光对焊后钢筋外形

（1）闪光对焊机。闪光对焊机如图4—55所示。其工作原理是利用对焊机使两段钢筋接触产生电阻热，使金属熔化，产生强烈飞溅，形成闪光，然后利用轴向送进机构进行轴向加压顶锻，使两段钢筋牢固地焊接在一起。

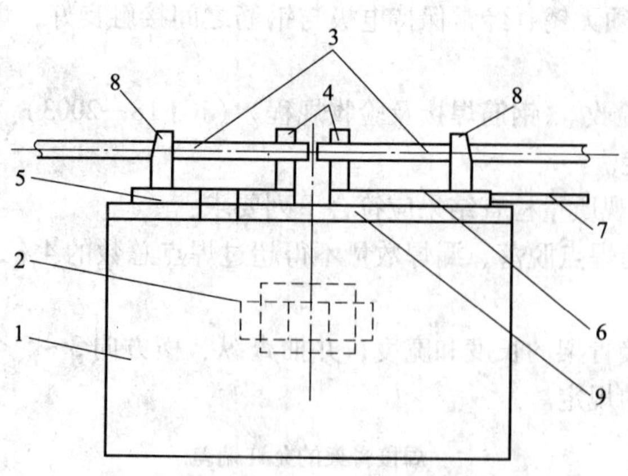

图 4—55 闪光对焊机

1—机架 2—变压器 3—钢筋 4—夹紧机构

5—固定座板 6—动板 7—送进机构 8—顶座 9—导轨

（2）操作工艺。钢筋闪光对焊工艺有 3 种：连续闪光焊、预热闪光焊、闪光—预热闪光焊。其焊接工艺方法按下列规定选择：

1）当钢筋直径较小，钢筋牌号较低，在表 4—29 规定的范围内，可采用连续闪光焊。

2）当超过表 4—29 规定的范围，且钢筋端面较平整，宜采用预热闪光焊。

3）当超过表 4—29 规定的范围，且钢筋端面不平整，宜采用闪光—预热闪光焊。

表 4—29 连续闪光焊钢筋直径上限

焊机容量（kV·A）	钢筋牌号	钢筋直径（mm）
160（150）	HPB235 HRB335 HRB400 RRB400	20 22 20 20
100	HPB235 HRB335 HRB400 RRB400	20 18 16 16
80（75）	HPB235 HRB335 HRB400 RRB400	16 14 12 12
40	HPB235 Q235 HRB335 HRB400 RRB400	10

其工艺过程为：

1）连续闪光焊。其操作步骤为：

第一步，对焊前清除钢筋端头约 150 mm 范围内的铁锈、污泥等，钢筋端头如有弯曲，应调直或切除。

第二步，将两根钢筋分别夹在对焊机的两个电极上。

第三步，闭合电源，使两根钢筋的端部轻微接触形成闪光。闪光开始时缓慢移动钢筋，形成连续闪光过程，接头同时被加热。

第四步，待接头加热烧平，烧去杂质和氧化膜，达到焊接温度后立即进行带电和断电顶锻，使两根钢筋焊牢。

2）预热闪光焊。预热闪光焊与连续闪光焊不同的是在焊接前增加预热过程，即电源闭合后开始以较小的压力使钢筋接触，然后离开，反复多次这样的预热，将钢筋顶锻接长。

3）闪光—预热闪光焊。闪光—预热闪光焊是在预热、闪光焊之前，再增加一个闪光过程，其目的是烧去钢筋端面的不平整部分，以使整个端面加热温度均匀，在此基础上再实施预热闪光焊。

（3）质量检验与验收。《钢筋焊接及验收规程》（JGJ 18—2003）对钢筋闪光对焊的质量检验与验收有明确规定。

闪光对焊接头外观检查结果应符合下列要求：

1）接头处不得有横向裂纹。

2）与电极接触处的钢筋表面不得有明显烧伤。

3）接头处的弯折角度不得大于 3°。

4）接头处的轴线偏移不得大于钢筋直径的 0.1 倍，且不得大于 2 mm。

3. 钢筋电弧焊

钢筋电弧焊是以焊条作为一极，钢筋作为另一极，利用焊接电流通过产生的电弧热进行焊接的一种熔焊方法。图 4—56 所示为焊条电弧焊的原理示意图。

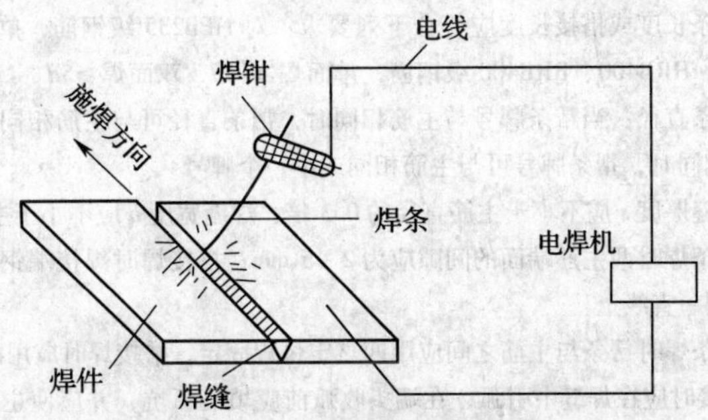

图 4—56 焊条电弧焊的原理示意图

（1）弧焊机和焊条。弧焊机有直流弧焊机和交流弧焊机，施工现场一般采用交流弧焊机。

焊条的种类很多，有 E43、E50、E55 系列。电弧焊所使用的焊条应符合国家标准《碳钢焊条》（GB/T 5117—1995）或《低合金钢焊条》（GB/T 5118—1995）的规定，其型号应根据设计确定；若设计无规定时，可按表 4—30 选用。

表 4—30　　钢筋电弧焊焊条型号

钢筋牌号	电弧焊接头形式			
	帮条焊 搭接焊	坡口焊 熔槽帮条焊 预埋件穿孔塞焊	窄间隙焊	钢筋与钢板搭接焊 预埋件 T 形角焊
HPB235	E4303	E4303	E4316、E4315	E4303
HRB335	E4303	E5003	E5016、E5015	E4303
HRB400	E5003	E5503	E6016、E6015	E5003
RRB400	E5003	E5503	—	—

当采用低氢型碱性焊条时，应按说明书的要求烘焙，且宜放入保温筒内保温使用；酸性焊条若在运输或存放中受潮，使用前也应经烘焙方能使用。

（2）工艺要求。电弧焊接头形式及适用范围详见表 4—26。

焊接时应符合下列要求：

1）应根据钢筋级别、直径、接头形式和焊接位置选择适宜的焊条、焊接工艺和焊接参数。

2）焊接时，引弧应在垫板、帮条或形成焊缝部位进行，不得烧伤主筋。

3）焊接地线应与钢筋紧密接触。

4）焊接过程中应及时清渣，焊缝表面应保持光滑平整，焊缝余高应平缓过渡，弧坑应填满。

除以上基本工艺要求外，不同的电弧焊工艺对操作工艺也有其具体要求，见表 4—31。

表 4—31　　常见电弧焊的工艺要求

焊接方法	工艺要求
帮条焊 搭接焊	1. 宜采用双面焊，当不能进行双面焊时方可采用单面焊 2. 帮条长度或搭接长度应符合下列要求：对 HPB235 级钢筋，单面焊≥8d，双面焊≥4d；对 HRB335、HRB400、RRB400 级钢筋，单面焊≥10d，双面焊≥5d 3. 帮条直径：当帮条牌号与主筋相同时，帮条直径可与主筋相同或小一个规格；当帮条直径与主筋相同时，帮条牌号可与主筋相同或小一个牌号 4. 焊缝厚度 s 应不小于主筋直径的 0.3 倍，焊缝宽度 b 应不小于主筋直径的 0.8 倍 5. 帮条焊时两主筋端面的间隙应为 2～5 mm；搭接焊时焊接端钢筋应预弯，并应使两钢筋的轴线在同一直线上 6. 帮条焊时帮条与主筋之间应用四点定位焊固定，搭接焊时应用两点固定 7. 焊接时应在焊缝中引弧，在端头收弧前应填满弧坑，并应使主焊缝与定位焊缝的始端与终端熔合
熔槽帮条焊	1. 角钢边长宜为 40～60 mm 2. 钢筋端头应加工平整 3. 从接缝处垫板引弧后应连续施焊，并应使钢筋端部熔合，防止未焊透、气孔或夹渣 4. 焊接过程中应停焊清渣 1 次；焊平后，再进行焊缝余高的焊接，其高度不得大于 3 mm 5. 钢筋与角钢垫板之间，应加焊侧面 1～3 层，焊缝应饱满，表面应平整

续表

焊接方法	工艺要求
坡口焊	1. 坡口面应平顺，切口边缘不得有裂纹、钝边和缺棱 2. 钢垫板厚度应为4～6 mm，长度应为40～60 mm；平焊时垫板宽度应为钢筋直径加10 mm；立焊时垫板宽度应等于钢筋直径 3. 焊缝的宽度应大于V形坡口边缘2～3 mm，焊缝余高不得大于3 mm，并平缓过渡至钢筋表面 4. 钢筋与钢垫板之间，应加焊两或三层侧面焊缝 5. 当发现接头中有弧坑、气孔及咬边等缺陷时，应立即补焊
窄间隙焊	1. 焊接时钢筋端部应置于铜模中，并应留出一定间隙 2. 钢筋端面应平整 3. 从焊缝根部引弧后应连续进行焊接，左右来回运弧，在钢筋端面处电弧应稍作停留，并使其熔合 4. 当焊至端面间隙的4/5高度后，焊缝逐渐扩宽；当熔池过大时，应改连续焊为断续焊，避免过热 5. 焊缝余高不得大于3 mm，且应平缓过渡至钢筋表面
预埋件电弧焊	1. 当采用HPB235钢筋时，角焊缝焊脚不得小于钢筋直径的0.5倍；采用HRB335和HRB400钢筋时，焊脚不得小于钢筋直径的0.6倍 2. 施焊中，不得使钢筋咬边和烧伤 3. 钢筋与钢板搭接焊时，焊接接头应符合下列要求：HPB235钢筋的搭接长度不得小于4倍钢筋直径，HRB335、HRB400钢筋的搭接长度不得小于5倍钢筋直径；焊缝宽度不得小于钢筋直径的0.6倍，焊缝厚度不得小于钢筋直径的0.35倍

(3) 质量检验与验收。对电弧焊接头的质量检验包括分批进行外观检查和力学性能检验，但对钢筋与钢板电弧搭接焊接头可以只进行外观检查。

电弧焊接头的质量检验与验收见表4—32。

表4—32　　电弧焊接头的质量检验与验收

检验批的确定	外观检查要求
在现浇钢筋混凝土结构中，应以300个同牌号钢筋、同形式接头作为一批；在房屋结构中，应以不超过二楼层中的300个同牌号钢筋、同形式接头作为一批。每批随机切取3个接头，做拉伸试验 在装配式结构中，可按生产条件制作模拟试件，每批3个，做拉伸试验。当模拟试件试验结果不符合要求时，应进行复验。复验应从现场焊接接头中切取，其数量和要求与初始试验时相同	1. 焊缝表面应平整，不得有凹陷或焊瘤 2. 焊接接头区域不得有肉眼可见的裂纹 3. 咬边深度、气孔、夹渣等缺陷允许值及接头尺寸的允许偏差，应符合有关规定 4. 坡口焊、熔槽帮条焊和窄间隙焊接的焊缝余高不得大于3 mm

注：在同一批中若有几种不同直径的钢筋焊接接头，应在最大直径钢筋焊接接头中切取3个试件。电渣压力焊接头、气压焊接头取样均同。

4. 钢筋电渣压力焊

钢筋电渣压力焊是将两钢筋安放成竖向对接形式，利用焊接电流通过两钢筋端面间隙，在焊剂层下形成电弧过程和电渣过程，产生电弧热和电阻热，熔化钢筋，加压完成的一种压焊方法。

电渣压力焊与电弧焊相比，工效高、成本低，但工艺复杂、对焊工要求高。它适用于现浇钢筋混凝土结构中竖向或斜向（倾斜度在 4∶1 范围内）受力钢筋的连接，但不得在竖向焊接后横置于梁、板等构件中作水平钢筋用。电渣压力焊接头外形如图 4—57 所示。

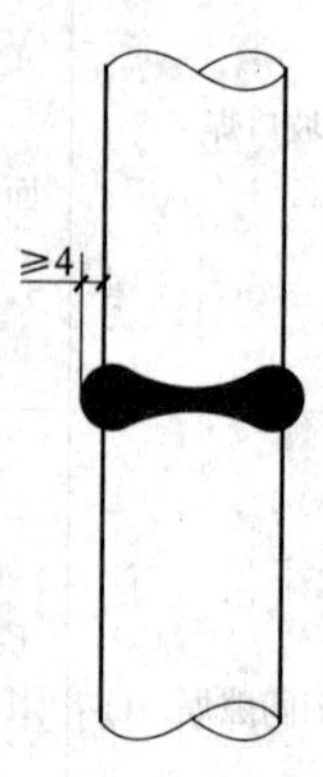

图 4—57　电渣压力焊接头外形

（1）焊机和焊剂。电渣压力焊焊机工作原理如图 4—58 所示。

电渣压力焊焊剂的性能应符合《埋弧焊用碳钢焊丝和焊剂》（GB/T 5293—1999）的规定，可采用 HJ431 焊剂。在电渣压力焊和埋弧压力焊时，不添加焊丝，无熔敷金属，因此不使用现行国家标准《埋弧焊用低合金钢焊丝和焊剂》（GB/T 12470—2003）中规定的焊剂型号。

焊剂应存放在干燥的库房内，当受潮时，在使用前应经 250 ~ 300℃烘焙 2 h。使用中回收的焊剂应清除熔渣和杂物，并应与新焊剂混合均匀后使用。

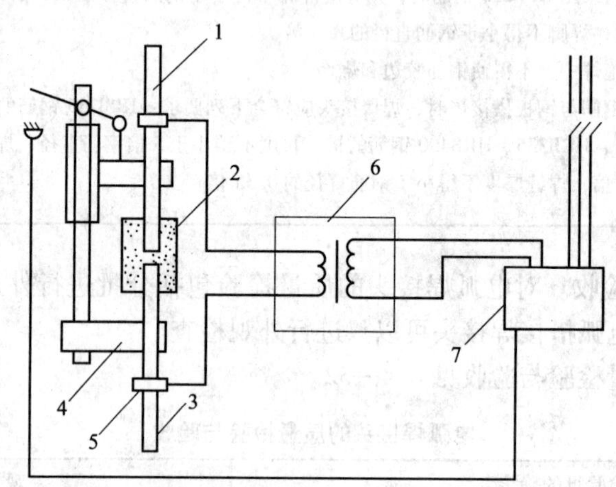

图 4—58　电渣压力焊焊机工作原理

1—上钢筋　2—焊剂盒　3—下钢筋　4—焊接机头　5—焊钳　6—焊接电源　7—控制箱

（2）操作工艺。电渣压力焊主要有 4 个阶段的焊接过程：引弧、电弧、电渣、挤压。其具体操作步骤为：

1）操作前应将钢筋待焊端部约 150 mm 范围内的铁锈、杂物以及油污清除干净。

2）扶直对正竖向接长的钢筋，上下两钢筋的轴线应在同一直线上；焊钳的上下钳口应夹紧于上下钢筋上，钢筋一经夹紧，不得晃动。

3）装上焊剂盒并装满焊剂，钢筋端头应在焊剂盒的中部。

4）接通电源，用直接引弧法或铁丝圈（焊条芯）引弧法引弧。

5）引燃电弧后，应先进行电弧过程使焊剂盒形成电渣池，然后，加快上钢筋下送速度，使钢筋端面与液态渣池接触，转变为电渣过程。最后在断电的同时，迅速下压上钢筋，挤出熔化金属和熔渣，形成接头。

6）接头焊毕应稍作停歇，方可回收焊剂和卸下焊接夹具，并敲去渣壳，四周焊包凸出钢筋表面的高度不得小于4 mm。

（3）质量检验与验收。电渣压力焊接头的质量检验与验收见表4—33。

表4—33　　电渣压力焊接头的质量检验与验收

检验批的确定	外观检查要求
在现浇钢筋混凝土结构中，应以300个同牌号钢筋接头作为一批；在房屋结构中，应以不超过二楼层中的300个同牌号钢筋接头作为一批；当不足300个接头时，仍应作为一批。每批随机切取3个接头做拉伸试验	1. 四周焊包凸出钢筋表面的高度不得小于4 mm 2. 钢筋与电极接触处应无烧伤缺陷 3. 接头处的弯折角不得大于3° 4. 接头处的轴线偏移不得大于钢筋直径的0.1倍，且不得大于2 mm

5. 钢筋气压焊

钢筋气压焊是采用氧乙炔焰或其他火焰对两钢筋对接处加热，使其达到塑性状态（固态）或熔化状态（熔态）后加压完成的一种压焊方法。

气压焊可用于钢筋在垂直位置、水平位置或倾斜位置的对接焊接，适用范围见表4—26。不同直径钢筋连接时也可用此工艺，但两钢筋直径之差不得大于7 mm。

（1）设备。气压焊的设备包括供气装置、加热器、焊接夹具等，如图4—59示。

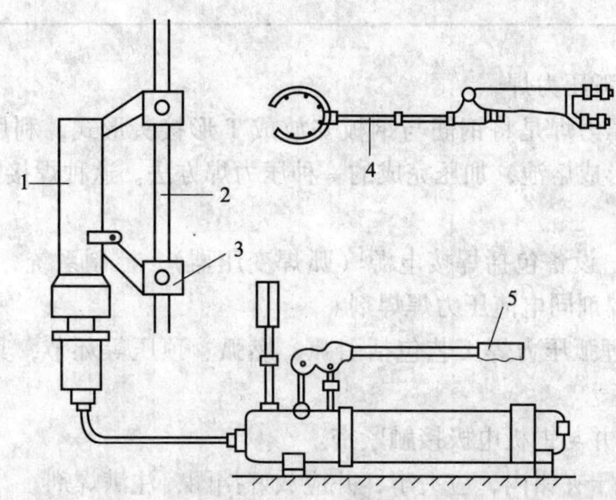

图4—59　气压焊的设备

1—压接器　2—钢筋　3、4—焊接夹具　5—加热器

（2）操作工艺。气压焊按加热温度和工艺方法的不同，可分为熔态气压焊（开式）和固态气压焊（闭式）两种。在一般情况下，宜优先采用熔态气压焊。

其工艺过程如下：

1）焊前准备。搭设操作架适宜工人操作；确定下料长度，因为此工艺对接钢筋内接头会有压缩，故下料长度必须多出钢筋直径的0.6～6倍；切断时应使用砂轮锯，切口处应平整，磨光机打磨后钢筋断面呈现金属光泽。

2）安装钢筋。将两根要对接的钢筋与专用夹具夹紧，两钢筋端面局部间隙不得大于3 mm。

3）加热焊接。当采用熔态气压焊（开式）时，首先使用中性焰加热，待钢筋端头至熔化状态，附着物随熔滴流走，端部呈凸状时即加压，挤出熔化金属，并密合牢固；当采用固态气压焊（闭式）时，自加热开始至钢筋端面密合前，应采用碳化焰集中加热，钢筋端面密合后可采用中性焰宽幅加热，焊接全过程不得使用氧化焰。

4）加压成形。加压方法有等压法、二次加压法、三次加压法，应根据焊接设备、钢筋直径等条件选用。

（3）质量检验与验收。气压焊接头的质量检验与验收见表4—34。

表4—34　气压焊接头的质量检验与验收

检验批的确定	外观检查要求
在现浇钢筋混凝土结构中，应以300个同牌号钢筋接头作为一批；在房屋结构中，应以不超过二楼层中的300个同牌号钢筋接头作为一批；当不足300个接头时，仍应作为一批 在柱、墙的竖向钢筋连接中，应从每批接头中随机切取3个接头做拉伸试验；在梁、板的水平钢筋连接中，应另切取3个接头做弯曲试验	1. 接头处的轴线偏移不得大于钢筋直径的0.15倍，且不得大于4 mm；当不同直径钢筋焊接时，应按较小钢筋直径计算；当大于上述规定值，但在钢筋直径的0.30倍以下时，可加热校正；当大于0.30倍时，应切除重焊 2. 接头处的弯折角不得大于3°；当大于规定值时，应重新加热校正 3. 镦粗直径不得小于钢筋直径的1.4倍；当小于上述规定值时，应重新加热镦粗 4. 镦粗长度不得小于钢筋直径的1.0倍，且凸起部分平缓圆滑；当小于上述规定值时，应重新加热镦长

6. 预埋件钢筋埋弧压力焊

预埋件钢筋埋弧压力焊是将钢筋与钢板安放成T形接头形式，利用焊接电流通过，在焊剂层下产生电弧，形成熔池，加压完成的一种压力焊方法。这种焊接方法工艺简单、工效高、质量好、成本低。

（1）设备和焊剂。设备包括焊接电源（弧焊变压器）、控制系统、焊剂盒、焊接地线、电压表、电流表等。焊剂同电渣压力焊焊剂。

（2）操作工艺。埋弧压力焊工艺包括引弧、燃弧、顶压等环节，其工艺过程应符合下列要求：

1）钢板应放平，并与铜板电极接触紧密。

2）将锚固钢筋夹于夹钳内，应夹牢，并应放好挡圈，注满焊剂。

3）接通高频引弧装置和焊接电源后，应立即将钢筋上提，引燃电弧，使电弧稳定燃烧，再逐渐下送。

4）迅速顶压时不得用力过猛。

5）敲去渣壳，四周焊包凸出钢筋表面的高度不得小于4 mm。

（3）质量检验与验收。预埋件钢筋埋弧压力焊接头外观检查结果应符合下列要求：

1）四周焊包凸出钢筋表面的高度不得小于4 mm。

2）钢筋咬边深度不得超过0.5 mm。

3）钢板应无焊穿，根部应无凹陷现象。

4）钢筋相对钢板的直角偏差不得大于3°。

针对预埋件钢筋埋弧压力焊接头外观的检查结果，当有3个接头不符合上述要求时，应全数进行检查，并挑出不合格品。不合格接头经补焊后可提交二次验收。

7. 焊接安全要求

从事钢筋焊接施工的焊工必须持有焊工合格证才能上岗操作。从事钢筋焊接施工的班组及有关人员应经常进行安全生产教育，执行现行国标《焊接与切割安全》（GB 9448—1999）中有关规定，对氧气、乙炔、液化石油气等易燃、易爆材料应妥善管理，注意周边环境，加强焊工的劳动保护，防止发生烧伤、触电、火灾、爆炸，以及焊接设备烧坏等事故。

（1）焊机应经常维护保养和定期检修，确保正常使用；焊接设备必须装接地线，接地线的电阻不得大于4 Ω，接地线的入土深度应在冻土线以下。

（2）焊接机械必须经过调整试运转正常后，方可正式使用。焊机必须有专人使用和管理，非专职人员不得擅自操作。

（3）焊接机械的电源部分要妥善加以保护，防止因操作不慎使钢筋和电源接触，不允许两台焊机使用一个电源闸刀。

（4）焊工必须穿戴好劳动保护用品；在对焊机的闪光区域内需设置铁皮挡隔，焊接时其他人员应停留于闪光范围外，以防被飞溅的火花灼伤。在室内进行手工电弧焊应设有排气通风装置，焊工操作地点相互之间应设挡板，以防弧光伤害眼睛和皮肤等。

（5）进行大量焊接生产时，焊接变压器等不得超过负荷，要注意遵守焊机暂载率的规定，以免过分发热而损坏。

（6）雨天、雪天不宜在户外或露天施焊。必须施焊时，应采取有效遮蔽措施。焊后未冷却接头不得碰到冰雪。

在户外或露天进行闪光对焊或电弧焊，当风速超过7.9 m/s时，应采取挡风措施。进行气压焊，当风速超5.4 m/s时，应采取挡风措施。

（7）在环境温度低于－5℃的条件下施焊时，焊接工艺应符合下列要求：

1）闪光对焊时，宜采用预热闪光焊或闪光—预热闪光焊。可增加调伸长度，采用较低变压器级数，增加预热次数和间歇时间。

2）电弧焊时，宜增大焊接电流，降低焊接速度。

电弧帮条焊或搭接焊时，第一层焊缝应从中间引弧，向两端施焊，以后各层控温施焊，层间温度控制在150～350℃之间。多层施焊时，可采用回火焊道施焊。

3）当环境温度低于－20℃时，不宜进行各种焊接。

（8）钢筋焊接工作房应尽可能采用防火材料搭建，在对焊机上方设置固定式顶罩。在焊接机械四周严禁堆放易燃品，以免引起火灾。焊接车间应设置消防设施。

二、钢筋机械连接

钢筋机械连接是通过钢筋与连接件的机械咬合作用或钢筋端面的承压作用，将一根钢筋的力传给另一根钢筋的连接方法。

钢筋机械连接接头类型有套筒挤压接头、锥螺纹接头、镦粗直螺纹接头、滚轧直螺纹接头、熔融金属充填接头、水泥灌浆充填接头。其中最常见的是套筒挤压接头和滚轧直螺纹接头。

1.《钢筋机械连接技术规程》（JGJ 107—2010）中关于接头的一般规定

（1）设计原则。接头的设计应满足强度及变形性能的要求。

接头连接件的屈服强度和抗拉强度的标准值应不小于被连接钢筋的屈服强度和抗拉强度标准值的1.10倍。

（2）机械连接接头等级。根据抗拉强度、残余变形以及高应力和大变形条件下反复拉压性能的差异，接头应分为下列三个等级。

1）Ⅰ级。接头抗拉强度等于被连接钢筋的实际拉断强度或不小于1.10倍钢筋抗拉强度标准值，残余变形小，并具有高延性及反复拉压性能。

2）Ⅱ级。接头抗拉强度不小于被连接钢筋抗拉强度标准值，残余变形小，并具有高延性及反复拉压性能。

3）Ⅲ级。接头抗拉强度不小于被连接钢筋屈服强度标准值的1.25倍，残余变形小，并具有一定的延性及反复拉压性能。

Ⅰ、Ⅱ、Ⅲ级接头的抗拉强度应符合表4—35的规定。

表4—35　Ⅰ、Ⅱ、Ⅲ级接头的抗拉强度

接头等级	Ⅰ级	Ⅱ级	Ⅲ级
抗拉强度	$f_{mst}^0 \geqslant f_{stk}$，断于钢筋 或$f_{mst}^0 \geqslant 1.10 f_{stk}$，断于接头	$f_{mst}^0 \geqslant f_{stk}$	$f_{mst}^0 \geqslant 1.25 f_{yk}$

注：f_{mst}^0——接头试件实测抗拉强度；

f_{stk}——钢筋抗拉强度标准值；

f_{yk}——钢筋屈服强度标准值。

接头等级的选定应符合下列规定：

混凝土结构中要求充分发挥钢筋强度或对接头延性要求较高的部位，应优先选用Ⅱ级接头。当在同一连接区段内必须实施100%钢筋接头的连接时，应采用Ⅰ级接头。混凝土结构中钢筋应力较高但对接头延性要求不高的部位，可采用Ⅲ级接头。

（3）机械连接接头的应用。结构件中纵向受力钢筋的接头宜相互错开，钢筋机械连接的连接区段长度应按35d计算（d为被连接钢筋中的较大直径）。在同一连接区段内有接头的受力钢筋截面积占受力钢筋总截面积的百分率（以下简称接头百分率）应符合下列规定：

1）接头宜设置在结构件受拉钢筋应力较小的部位，当需要在高应力部位设置接头时，在同一连接区段内Ⅲ级接头的接头百分率应不大于25%；Ⅱ级接头的接头百分率应不大于50%；Ⅰ级接头的接头百分率可不受限制。

2）接头宜避开有抗震设防要求的框架的梁端、柱端箍筋加密区；当无法避开时，应采用Ⅰ级接头或Ⅱ级接头，且接头百分率应不大于50%。

3）受拉钢筋应力较小部位或纵向受压钢筋，接头百分率可不受限制。

4）对直接承受动力荷载的结构件，接头百分率应不大于50%。

（4）接头的形式检验。接头形式检验的主要作用是对各类接头按性能分级。经形式检验确定其等级后，工地现场只需进行现场检验。由于形式检验比较复杂和昂贵，对各类钢筋接头只要求对标准型接头进行形式检验。

下列情况应进行形式检验：确定接头性能等级时，材料、工艺、规格发生改动时，形式检验报告超过4年时。

形式检验应由国家、省部级主管部门认可的检测机构进行，应按规定的格式出具检验报告和评定结论。当接头质量有严重问题且其原因不明，对形式检验结论有重大怀疑时，上级主管部门或质检部门可以提出重新进行形式检验的要求。

对每种形式、级别、规格、材料、工艺的钢筋机械连接接头，形式检验试件应不少于9个，单向拉伸试件不应少于3个，高应力反复拉压试件不应少于3个，大变形反复拉压试件不应少于3个。同时，应另取3根钢筋试件做抗拉强度试验。全部试件均应在同一根钢筋上截取。

用于形式检验的直螺纹或锥螺纹接头试件应散件送达检验单位，由形式检验单位或在其监督下由接头技术提供单位按规定拧紧力矩装配后进行检验，拧紧力矩值应记录在检验报告中，形式检验试件必须采用未经过预拉的试件。

2. 套筒挤压连接

套筒挤压连接是将两根需连接的钢筋插入钢套筒，利用压钳沿径向压缩钢套筒，使之产生塑性变形，靠变形后的钢套筒与被连接的钢筋紧密结合为整体的连接方法。套筒挤压连接接头就是通过挤压力使连接件钢套筒塑性变形与带肋钢筋紧密咬合形成的接头（见图4—60）。

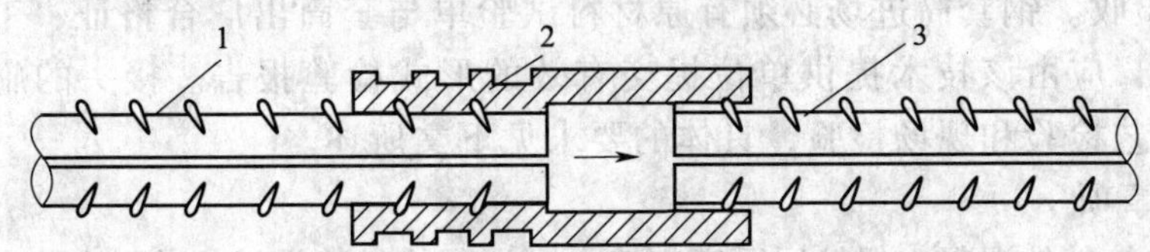

图4—60　带肋钢筋套筒挤压连接接头

1—已挤压的钢筋　2—钢套筒　3—未挤压的钢筋

该连接适用于钢筋混凝土结构中直径为16～40 mm的带肋HRB335～HRB400级（Ⅱ～Ⅲ级）钢筋以及与上述国产钢筋相当的进口钢筋，特别适用于连接不可焊钢筋、进口钢筋。其接头具有强度高、质量稳定可靠、操作简单、不受气候影响、适用性强等优点，故应用广泛。

（1）挤压工艺设备（见图4—61）。

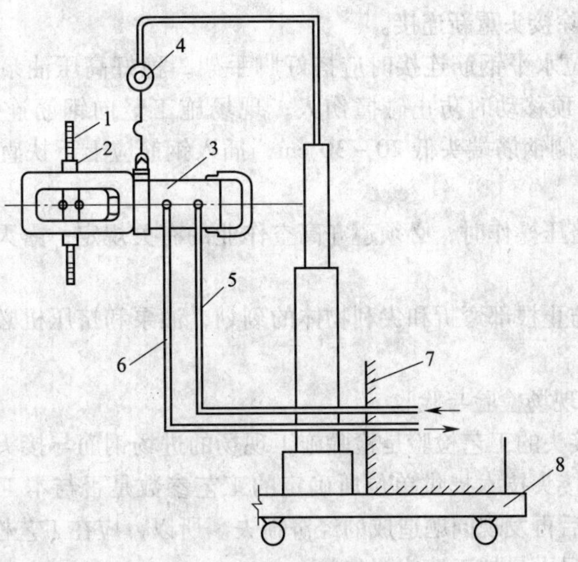

图4—61　挤压工艺设备

1—钢筋　2—套筒　3—挤压机　4—平衡器　5—进油管

6—回油管　7—油泵　8—小车

（2）操作工艺。钢筋带肋套筒挤压连接的工艺流程：钢套筒、钢筋挤压部位检查、清理、校正 → 检查钢筋端头压接标志 → 钢筋插入钢套筒挤压（每侧挤压从接头中间压痕标志开始依次向端部进行）→ 检查验收。

具体步骤如下：

1）准备工作。钢筋端头的锈皮、油污等杂物应清理干净；对套筒进行外观尺寸质量检验；对钢筋与套筒试套，不同直径钢筋的套筒不得相互串用；在钢筋连接端画出明显定位标记与检查标记；使用挤压设备前应对挤压力进行标定。

2）钢筋插入钢套筒挤压。套筒挤压常采用径向挤压，操作方法有两种，第一种方法是先挤压一端套筒，在施工作业区插入待接钢筋后再挤压另一端套筒（见图4—60）；第二种方法是挤压连接全部在施工时进行。

挤压时应对正钢套筒压痕位置的标记，并使压模运动方向与钢筋两纵肋所在的平面相垂直。挤压顺序为由钢套筒中部顺次向端部进行，每次施压时主要控制压痕深度。

3）检查验收。钢套筒进场必须有原材料试验单与套筒出厂合格证，工程中应用钢筋机械接头时，应由该技术提供单位提交有效的形式检验报告。接头的施工现场检验与验收分为工艺检验和现场检验，具体的要求见下文所述。

（3）注意事项

1）钢筋连接件的混凝土保护层厚度宜符合《混凝土结构设计规范》（GB 50010—2002）中受力钢筋混凝土保护层最小厚度的规定，且不得小于15 mm。连接件之间的横向净距离不宜小于25 mm。

2）对从事钢筋挤压连接施工的有关人员应经常进行安全教育，防止发生人身和设备安全事故。

3）钢筋接头宜用砂轮切割机断料。

4）接头的压痕道数应符合钢筋规格要求的挤压道数，认真检查压痕深度，深度不够的要补压，超深的要切除接头重新连接。

5）现场施工部位水平钢筋连接时应搭好脚手架，稳好高压油泵；顺直钢筋时应注意防止用力过猛，千斤顶移动时防止碰撞伤人；现场施工竖向钢筋连接时宜在操作平台上操作，平台高度比下侧钢筋端头低20～30 cm，插入钢筋应上下扶直，防止钢筋倾斜将人带倒或碰伤。

6）在高空进行挤压操作时，必须遵守高空作业的有关规定；露天作业时对电气设备装置应有防雨措施。

7）高压胶管应防止根部弯折和尖利物体的刻划，油泵和挤压机必须按设备使用说明书进行操作和保养。

（4）接头的施工现场检验与验收

1）工艺检验。接头的工艺检验是检验施工现场的进场钢筋与接头加工工艺适应性的重要步骤，主要是检验接头技术提供单位所确定的工艺参数是否与本工程中的进场钢筋相适应，减少在工程应用后再发现问题造成的经济损失。所以，应在工艺检验合格后再开始钢筋接头的加工，防止盲目大量加工造成损失。

钢筋连接工程开始前应对不同钢筋生产厂的钢筋进行接头工艺检验。施工过程中，更换钢筋生产厂后，应补充进行工艺检验，工艺检验应符合下列要求：

①每种规格钢筋的接头试件应不少于3根。

②接头试件在测量残余变形后可再进行抗拉强度试验，并按有关的单向拉伸加载制度进行试验。

③每根接头试件的抗拉强度和3根接头试件的残余变形的平均值均应符合相关规定。

④第一次工艺检验中1根试件抗拉强度或3根试件的残余变形平均值不合格时，允许再抽3根试件进行复检，复检仍不合格时判为工艺检验结果不合格。

2）现场检验。现场检验是由检验部门在施工现场进行的抽样检验，一般应进行接头试件单向抗拉强度试验以及加工和安装质量检验。对接头有特殊要求的结构，应在设计图样中另行注明相应的检验项目。工程中应用钢筋机械接头时，应由该技术提供单位提交有效的形式检验报告以供现场检验。

接头安装前应检查连接件产品合格证及套筒表面生产批号标志。产品合格证应包括适用钢筋直径和接头性能等级、套筒类型、生产单位、生产日期以及可追溯产品原材料力学性能和加工质量的生产批号。

接头的现场检验按验收批进行。同一施工条件下采用同一批材料的同等级、同形式、同规格接头，以500个为一个验收批进行检验与验收，不足500个也作为一个验收批。

对接头的每一验收批，必须在工程结构中随机截取3个接头试件做抗拉强度试验，当3个接头试件的抗拉强度均符合相应等级要求时，该验收批评为合格。如有1个试件的强度不符合要求，应再取6个试件进行复检。复检中如仍有1个试件的强度不符合要求，则该验收批评为不合格。

现场连续检验10个验收批抽样试件，抗拉强度试验一次合格率为100%时，验收批接头数量可扩大。

现场截取抽样试件后，原接头位置的钢筋允许采用同等规格的钢筋进行搭接连接，或采用焊接及机械连接方法补接。

3）套筒挤压钢筋接头的安装质量检验应符合下列要求：

①钢筋端部不得有局部弯曲，不得有严重锈蚀和附着物。

②钢筋端部应有检查插入套筒深度的明显标记，钢筋端头离套筒长度中点不宜超过10 mm。

③挤压应从套筒中央开始，依次向两端挤压，压痕直径的波动范围应控制在供应商认定的允许波动范围内，并提供专用量规进行检验。

④挤压后的套筒不得有肉眼可见裂纹。

3．滚轧直螺纹连接

滚轧直螺纹连接是用直螺纹套筒将两根钢筋端头对接在一起，利用螺纹的机械咬合力传递拉力或压力的连接方法。滚轧直螺纹连接接头就是通过钢筋端头直接滚轧或剥肋后滚轧制作的直螺纹和连接件螺纹咬合形成的接头（见图4—62）。

直螺纹连接适用于承受动荷载作用及各抗震等级的钢筋混凝土结构中直径为20～50 mm的HRB335、HRB400（Ⅱ～Ⅲ级）钢筋的连接，尤其适用于要求发挥钢筋强度和延性的重要结构。

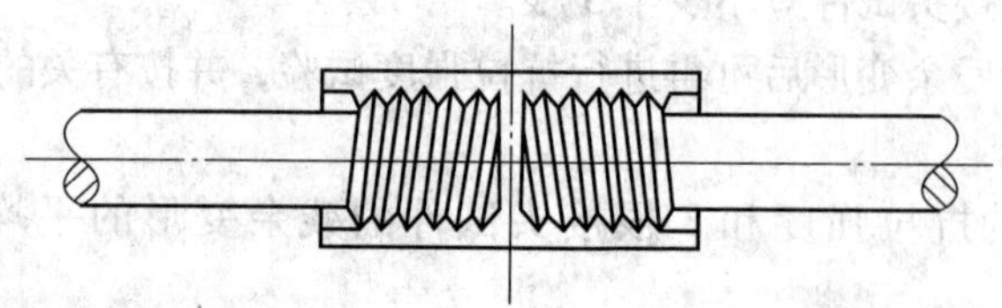

图 4—62　滚轧直螺纹连接接头

（1）工艺设备。滚轧直螺纹连接施工中的主要机具包括钢筋滚压直螺纹成形机、切割机、扳手。

（2）操作工艺。滚轧直螺纹连接工艺流程：钢筋切断──→滚轧直螺纹──→丝头检验──→保护帽──→现场丝接──→检查验收。

具体步骤：

1）准备工作。钢筋下料，钢筋端头的锈皮、油污等杂物应清理干净，对有相应内螺纹的连接套筒进行检查。

连接套筒常见的有标准型、扩口型、变径型、正反丝型（见图 4—63）。

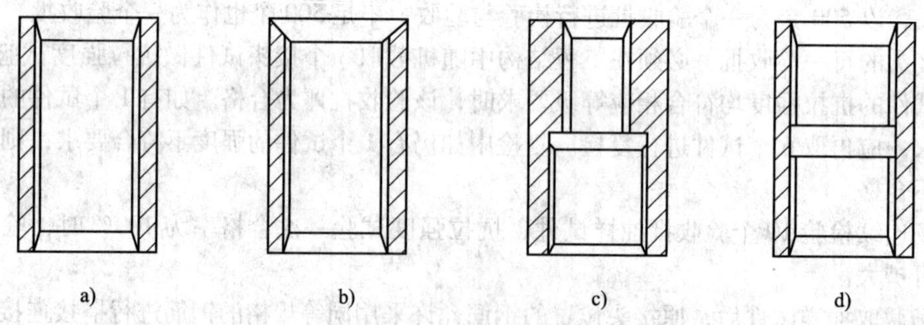

图 4—63　连接套筒

a）标准型　b）扩口型　c）变径型　d）正反丝型

标准型是带右旋内螺纹的连接套筒；扩口型是在标准型连接套筒的一端增加 45°～60°扩口段，用于钢筋较难对中的场合；变径型带右旋内螺纹的连接套筒，用于连接不同直径的钢筋；正反丝型带左、右旋内螺纹的等直径连接套筒，用于钢筋不能转动而要求对接的场合。

2）螺纹加工。根据钢筋规格选用钢筋滚压直螺纹成形机对钢筋端部进行滚压，螺纹一次成形，如图 4—64 所示。钢筋端部的螺纹区段即丝头。

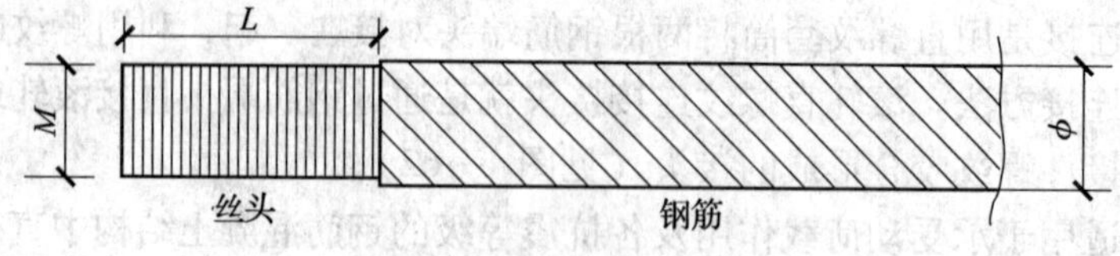

图 4—64　钢筋螺纹加工示意图

M—丝头大径　*ϕ*—钢筋直径　*L*—螺纹长度

3）丝头检验及加戴保护帽。对钢筋丝头应用专用直螺纹量规进行检验，通规能顺利旋入并达到要求的拧入长度，止规旋入不得超过 3 倍螺距。经自检合格的钢筋丝头，应对每种规格加工批量随机抽查 10%，且不少于 10 个。若有一个丝头不合格，即应对该加工批全数检查，不合格丝头应重新加工，经再次检查合格后方可使用。

已检查合格的丝头，应戴上保护帽加以保护，并按规格分类，堆放整齐待用。

4）现场连接。将钢筋对准轴线拧入连接套。如图 4—65、图 4—66 所示为标准型连接套和异口径连接套。

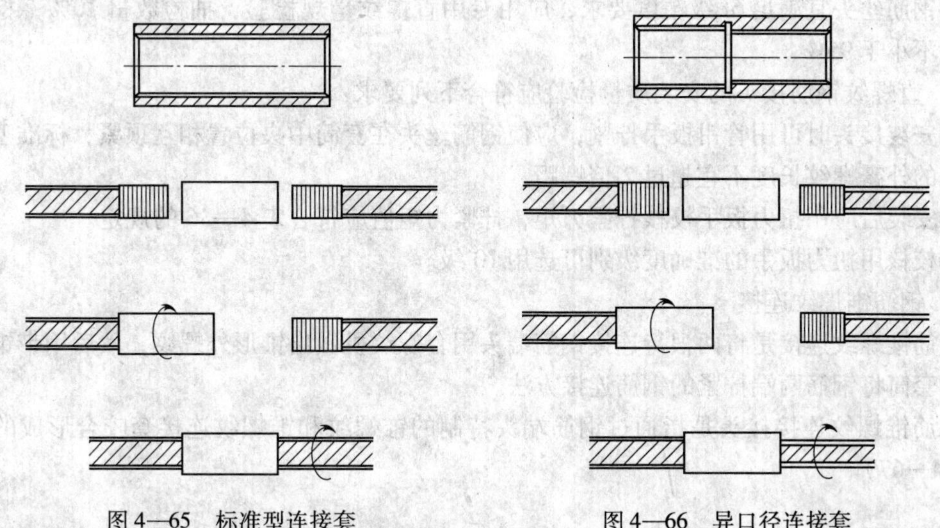

图 4—65　标准型连接套　　　　图 4—66　异口径连接套

安装接头时可用管钳扳手拧紧，应使钢筋丝头在套筒中央位置相互顶紧。安装后应用扭力扳手校核拧紧力矩（见表 4—36）。

表 4—36　　直（锥）螺纹钢筋接头拧紧力矩值

钢筋直径（mm）	≤16	18 ~ 20	22 ~ 25	28 ~ 32	36 ~ 40
拧紧力矩（N · m）	100（100）	200（180）	260（240）	320（300）	360（360）

注：表中括号内的数据为锥螺纹钢筋接头安装时的拧紧力矩。

（3）注意事项

1）设备检验及试运转合格后方准作业。

2）钢筋直螺纹连接头套螺纹及连接操作人员必须经过培训、考核，持证上岗。

3）钢筋切口端面及丝头锥度、牙型、螺距等应符合质量标准，并与连接套筒螺纹规格相匹配。

4）各种规格和型号的套筒外表面必须有明显的钢筋级别及规格标记。

5）连接钢筋的钢套筒必须用塑料盖封上，以保持内部洁净、干燥、防锈。已连接好套筒的钢筋接头不得随意抛砸。

6）接头拼接完成后，应使两个丝头在套筒中央位置互相顶紧，套筒每端不得有一扣以上的完整丝扣外露，加长型接头的外露丝扣数不受限制，但应有明显标记，以检查进入套筒的丝头长度是否满足要求。

（4）接头的施工现场检验与验收

接头的工艺检验及现场检验与挤压接头相同，详见挤压接头有关规定。螺纹接头安装后按验收批抽取其中10%的接头进行拧紧力矩校核，拧紧力矩值不合格数超过被校核接头数的5%时，应重新拧紧全部接头，直到合格为止。

1）直螺纹接头的现场加工检验应符合下列规定：

①钢筋端部应切平或镦平后加工螺纹。

②镦粗头不得有与钢筋轴线垂直的横向裂纹。

③钢筋丝头长度应满足企业标准中产品设计要求，公差应为0～0.2倍螺距。

④钢筋丝头宜满足6f级精度要求，应用专用直螺纹量规检验，抽检数量10%，检验合格率应不小于95%。

2）直螺纹钢筋接头的安装质量检验应符合下列要求：

①安装接头时可用管钳扳手拧紧，应使钢筋丝头在套筒中央位置相互顶紧，标准型接头安装后的外露螺纹长度不宜超过2倍螺距。

②安装后应用扭力扳手校核拧紧力矩，拧紧力矩值应符合表4—36的规定。

③校核用扭力扳手的准确度级别可选用10级。

4．钢筋锥螺纹连接

钢筋锥螺纹连接是将两根待连接钢筋端头用套螺纹机做出锥形外螺纹，然后用带锥形内螺纹的套筒将钢筋两端拧紧的钢筋连接方法。

钢筋锥螺纹连接接头是指通过钢筋端头特制的锥螺纹和锥螺纹连接套咬合形成的接头（见图4—67）。

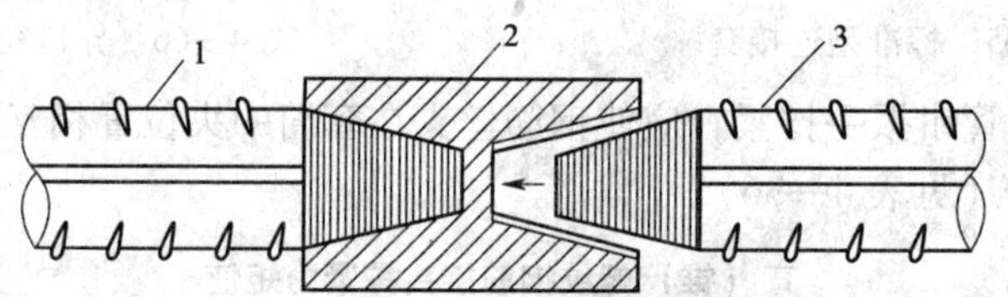

图4—67　钢筋锥螺纹连接接头

1—已连接的钢筋　2—锥螺纹套筒　3—待连接的钢筋

锥螺纹连接适用于HRB335、HRB400级钢筋的连接，能实现同直径钢筋与不同直径钢筋的连接，具有施工速度快、工序简单、不受气候因素影响等优点。

（1）工艺设备。锥螺纹连接施工中所需的主要机具设备包括钢筋套螺纹机、扭力扳手、镦粗机或钢筋预压机、量规。

钢筋套螺纹机是加工钢筋连接端锥形螺纹的一种专用设备。

扭力扳手是保证钢筋连接质量的测力扳手。它可以按照钢筋直径规定的力矩值，把钢筋与连接套筒拧紧，并发出声响信号。

镦粗机用于钢筋端头的镦粗。

钢筋预压机用于加工强锥螺纹接头，对钢筋端部进行径向预压。

量规包括牙型规、卡规和锥螺纹塞规。牙型规是用来检查钢筋连接端的锥螺纹牙型加工质量的量规。卡规是用来检查钢筋连接端的锥螺纹小端直径的量规。锥螺纹塞规是用来检查锥螺纹连接套筒加工质量的量规。

（2）操作工艺。锥螺纹连接工艺流程：钢筋切割⟶钢筋套螺纹⟶丝头检验⟶加

保护帽⟶现场连接⟶检查验收

具体步骤：

1）准备工作。钢筋下料，其端头截面应与钢筋轴线垂直，并不得翘曲。钢筋端头的锈皮、油污等杂物应清理干净。对有相应锥形内螺纹的连接套筒进行检查与验收。

关于锥螺纹连接套筒的材质，对 HRB335 级钢筋采用 30 钢—40 钢，对 HRB400 级钢筋宜用 45 钢。对锥螺纹连接套筒应检查其规格、型号、标记、套筒内螺纹圈数、螺距与齿高等，并用锥螺纹塞规检查同规格套筒的加工质量，如图 4—68 所示。当套筒大端边缘在锥螺纹塞规大端缺口范围内时，套筒为合格。

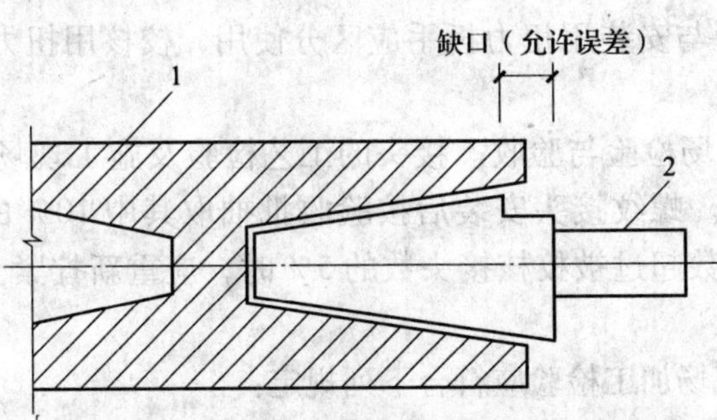

图 4—68 用锥螺纹塞规检查套筒加工质量

1—锥螺纹套筒 2—锥螺纹塞规

2）钢筋套螺纹。锥螺纹加工是将钢筋两端卡于钢筋套螺纹机上进行套螺纹操作。套螺纹时应采用水溶性切削液。对大直径钢筋宜分次车削到规定的尺寸，以保证丝扣精度。

3）丝头检验。对已加工的丝扣端要用牙型规及卡规逐个进行自检，如图 4—69 所示。要求钢筋丝扣的牙型必须与牙型规吻合，小端直径不超过卡规的允许误差，丝扣完整牙数不得小于规定值。不合格的丝扣，要切掉后重新套螺纹。然后再由质检员按 10% 的比例抽检，如有一根不合格，要加倍抽检。

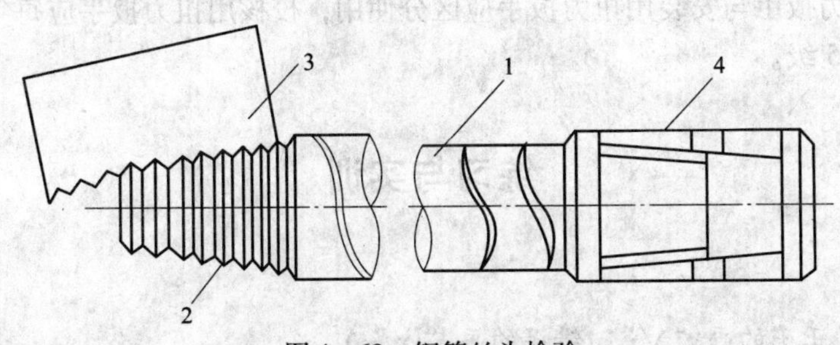

图 4—69 钢筋丝头检验

1—钢筋 2—锥螺纹 3—牙型规 4—卡规

4）加保护套。锥螺纹检查合格后，一端拧上塑料保护帽，另一端拧上钢套筒与塑料封盖，并用力矩扳手将套筒拧至规定的力矩，以利于保护和运输。

5）钢筋锥螺纹连接。连接钢筋前，将下层钢筋上端的塑料保护帽拧下来露出丝扣，并将丝扣上的水泥浆等污物清理干净。

连接钢筋时，将已拧紧套筒的上层钢筋拧到被连接的钢筋上，并用力矩扳手按表 4—36 规定的力矩值把钢筋接头拧紧，直至力矩扳手在达到调定的力矩值时发出“咔嚓”声。

拧紧后的接头应做上标记，以防止有钢筋接头漏拧。

（3）注意事项

1）钢筋接头宜用砂轮切割机断料。

2）连接钢筋的钢套筒必须用塑料盖封上，以保持内部洁净、干燥、防锈。已连接好套筒的钢筋接头不得随意抛砸。

3）拧紧接头时必须用力矩扳手。

4）连接钢筋时应对正轴线将钢筋拧入连接套。

5）各种规格的套筒外表面，必须有明显的钢筋级别及规格标记。

6）校核用扭力扳手与安装用扭力扳手应区分使用，校核用扭力扳手应每年校核1次，准确度级别应选用5级。

（4）接头的施工现场检验与验收。接头的工艺检验及施工现场检验与挤压接头相同，详见挤压接头有关规定。螺纹接头安装后按验收批抽取其中10%的接头进行拧紧力矩校核，拧紧力矩值不合格数超过被校核接头数的5%时，应重新拧紧全部接头，直到合格为止。

1）锥螺纹接头的现场加工检验应符合下列规定：

①钢筋端部不得有影响螺纹加工的局部弯曲。

②钢筋丝头长度应满足设计要求，使拧紧后的钢筋丝头不得相互接触，丝头加工长度公差应为0.5～1.5倍螺距。

③钢筋丝头的锥度和螺距应使用专用锥螺纹量规检验，抽检数量10%，检验合格率应不小于95%。

2）锥螺纹钢筋接头的安装质量检验应符合下列要求：

①接头安装时应严格保证钢筋与连接套的规格相一致。

②接头安装时应用扭力扳手拧紧，拧紧力矩值应符合表4—36的规定。

③校核用扭力扳手与安装用扭力扳手应区分使用，校核用扭力扳手应每年校核1次，准确度级别应选用5级。

练习与实训

一、练习题

1. 判断题（正确的画“√”，错误的画“×”）

（1）电焊工只要技术熟练，可以不持证上岗。 （ ）

（2）电渣压力焊的接头应均匀，凸出表面高度不得小于4 mm。 （ ）

（3）当钢筋直径相对较大且钢筋端面较平整时，宜采用预热闪光焊。 （ ）

（4）搭接焊的适用范围是10～40 mm的HPB235级和HRB335级钢筋。 （ ）

（5）钢筋的接头宜设置在受力较小处，同一受力钢筋不宜设置两个或两个以上的接头。 （ ）

（6）气压焊适用于现场焊接梁、板、柱的HRB335、HRB400级直径为20～40 mm的钢筋。 （ ）

(7) 钢筋接头有焊接接头和绑扎接头两类。 ( )

(8) 钢筋的接头位置是有一定要求的。 ( )

(9) 钢筋在竖向进行电渣压力焊接后可以横置于梁、板等构件中作水平钢筋用。 ( )

(10) 电渣压力焊接头处的弯折角不得大于3°。 ( )

(11) HRB335 级钢筋采用单面搭接电弧焊时，其搭接长度为 $8d$。 ( )

(12) HPB235 级钢筋采用双面搭接电弧焊时，其搭接长度大于或等于 $4d$。 ( )

(13) 套筒挤压连接接头在现场检验时，以 500 个为一个验收批，不足 500 个也作为一个验收批。 ( )

(14) 当环境温度低于 -5℃时，不宜进行各种焊接。 ( )

(15) 对直接承受动力荷载的结构件，机械连接接头百分率应不大于50%。 ( )

2. 选择题（将正确答案的代号写在括号内）

(1) 用于电渣压力焊的焊剂在使用前，须经恒温烘熔（ ）h。

A. 2~3　　B. 1~2　　C. 2　　D. 1

(2) 不同直径钢筋进行气压焊时，其直径应不大于（ ）mm。

A. 5　　B. 6　　C. 7　　D. 8

(3) 套筒挤压连接接头的拉伸试验，以（ ）个为一批。

A. 400　　B. 600　　C. 300　　D. 500

(4) 钢筋电渣压力焊常用的焊剂是 HJ（ ）。

A. 431　　B. 480　　C. 360　　D. 300

(5) 对焊接接头进行外观检查时，接头处轴线偏移不得大于钢筋直径的 0.1 倍，且不大于（ ）mm。

A. 2　　B. 3　　C. 4　　D. 5

(6) 冬季钢筋焊接时应在室内进行，如必须在室外进行时，最低气温不宜低于（ ）。

A. -40℃　　B. 0℃　　C. -20℃　　D. -10℃

(7) 电焊接头处的钢筋弯折不得大于（ ），否则应切除重焊。

A. 8°　　B. 6°　　C. 4°　　D. 3°

(8) 电焊机接地线的电阻不得大于（ ）Ω。

A. 20　　B. 10　　C. 8　　D. 4

(9) 钢筋对焊接头处的钢筋轴线偏移不得大于（ ）（d 为钢筋直径），同时不得大于 2 mm。

A. $0.1d$　　B. $0.2d$　　C. $0.3d$　　D. $0.5d$

(10) 进行钢筋电阻点焊时，焊点的压入深度为较小钢筋直径的（ ）。

A. 20%~25%　　B. 25%~30%　　C. 30%~45%　　D. 18%~25%

(11) 电渣压力焊的接头焊包应均匀，凸出钢筋表面的高度应不小于（ ）mm。

A. 2　　B. 3　　C. 4　　D. 6

(12) 帮条焊焊接 HPB235 级钢筋时，采用单面焊缝形式，其帮条长度应不小于（ ）d。

A. 4　　B. 5　　C. 6　　D. 8

二、实训与指导

实训一：焊接实训练习

(1) 训练内容。用电焊机焊接钢筋网片或用对焊机接长两短钢筋。

(2) 训练目的。学会电焊机、对焊机的操作方法，并检查焊接质量是否符合要求。

实训二：机械连接实训练习

(1) 训练内容。对短钢筋进行套筒挤压连接、锥螺纹连接。

(2) 训练目的。学会套筒挤压连接、锥螺纹连接的操作方法，并检查连接质量是否符合要求。

模块四　钢筋绑扎与安装

知识技能要求

1. 掌握绑扎的一般规定以及常用构件的绑扎要求、质量标准。
2. 通过训练，学会钢筋绑扎技巧，能进行常用构件的绑扎操作。
3. 学会钢筋网、钢筋骨架的制作和安装方法。

前面已介绍过焊接和机械连接，在本模块中介绍第三种钢筋的连接方式——绑扎搭接。

绑扎搭接是钢筋连接的主要方法，其基本做法是将钢筋按规定长度搭接，再借助相应的工具在交叉点用铁丝绑牢。它按绑扎工艺分模内绑扎和预先绑扎后再在现场安装两种，前者较为常见。

钢筋的绑扎与安装是钢筋施工的重要工序，也是钢筋工进行的最后一道工序。钢筋绑扎安装一般采用预先加工成形，再在模内组合绑扎的方法，即模内绑扎。若现场的起重安装能力较强或不适合在模内组合绑扎，也可以采用预先焊接或绑扎的方法将单根钢筋组合成钢筋网片或钢筋骨架，然后进行现场吊装。在一些复杂结构的钢筋施工中，还需要采用先弯曲成形，后模内绑扎的方法。

一、钢筋绑扎搭接的一般规定

1. 钢筋绑扎搭接的适用范围

钢筋绑扎搭接工艺简单、应用较广，但绑扎搭接是通过混凝土的黏结力间接传递钢筋间的应力，与焊接和机械连接相比，其可靠性稍差，故《混凝土结构设计规范》(GB 50010—2002)中规定，下列情况不得或不宜采用绑扎搭接。

(1) 轴心受拉和小偏心受拉杆件（如桁架和拱的拉杆）的纵向受力钢筋不得采用绑扎搭接接头。

(2) 当受拉钢筋的直径大于28 mm及受压钢筋的直径大于32 mm时，不宜采用绑扎搭接接头。

(3) 需进行疲劳验算的构件，其纵向受拉钢筋不得采用绑扎搭接接头，也不宜采用焊接接头，且严禁在钢筋上焊有任何附件（端部锚固除外）。

2. 钢筋绑扎搭接要求

(1) 钢筋绑扎搭接位置和数量应符合《混凝土结构工程施工质量验收规范》

(GB 50204—2002)的规定，钢筋的接头宜设置在受力较小处；同一纵向受力钢筋不宜设置两个或两个以上的接头；接头末端至钢筋弯起点的距离应不小于钢筋直径的10倍。

（2）钢筋绑扎搭接接头面积百分率。钢筋需要接长时，同一构件中相邻纵向受力钢筋的绑扎搭接接头位置宜相互错开，绑扎搭接接头中钢筋的横向净距离应不小于钢筋直径，且应不小于25 mm。

钢筋绑扎搭接接头连接区段的长度为搭接长度的1.3倍，凡搭接接头中点位于该连接区段长度内的搭接接头均属于同一连接区段。同一连接区段内，有搭接接头的纵向受力钢筋截面积与全部纵向受力钢筋截面积的比值，称为纵向受力钢筋的搭接接头面积百分率，如图4—70所示。图中所示搭接接头中，在同一连接区段内搭接接头钢筋为两根，当各钢筋直径相同时，搭接钢筋接头面积百分率为50%。

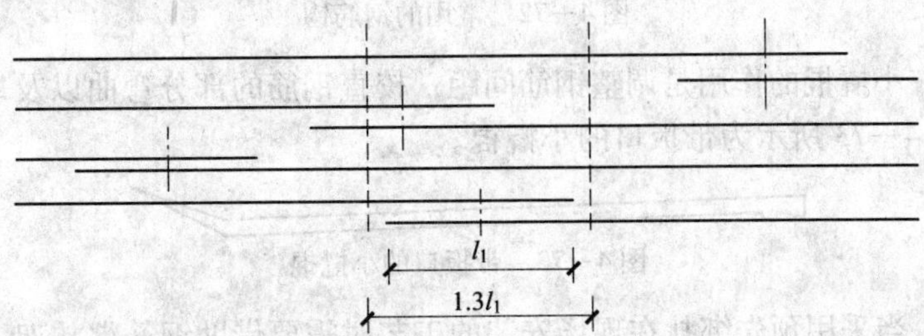

图4—70　同一连接区段内纵向受力钢筋的搭接接头面积百分率（图中l_1为搭接长度）

同一连接区段内，纵向受力钢筋的搭接接头面积百分率应符合设计要求，当设计无具体要求时，应符合下列规定：

对于梁类、板类及墙类构件，不宜大于25%；对于柱类构件，不宜大于50%。当工程中确有必要增大接头面积百分率时，对于梁类构件应不大于50%，对于其他构件可根据实际情况放宽。

（3）钢筋绑扎搭接时，应用扎丝在搭接部分的中心和两端扎紧。绑扎接头的形式如图4—71所示。

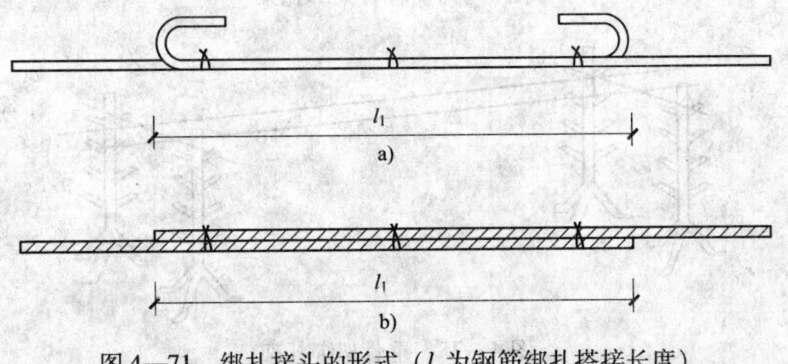

图4—71　绑扎接头的形式（l_1为钢筋绑扎搭接长度）

a）光圆钢筋　b）带肋钢筋

（4）钢筋绑扎接头的最小搭接长度应符合表3—3的规定。

（5）绑扎钢筋的扎丝头应朝内，不得侵入到混凝土保护层内。

（6）在绑扎钢筋接头时，一定要保证接头扎牢，然后再与其他钢筋绑扎，在绑扎时应注意主筋的混凝土保护层厚度，并保证绑扎的钢筋网片或钢筋骨架不发生变形或松脱现象。

3．钢筋绑扎的操作工具和操作方法

（1）绑扎工具。钢筋网、架绑扎时使用的工具主要有钢筋钩、小撬棍、绑扎架、粉笔、尺子、垫块、扳手等。

1）钢筋钩。钢筋钩是绑扎钢筋的主要工具，其基本形式如图 4—72 所示。它是用直径为 12 ~ 16 mm、长度为 160 ~ 200 mm 的圆钢筋制成的。根据工程需要，还可以在其尾部加上套筒或小扳口等。

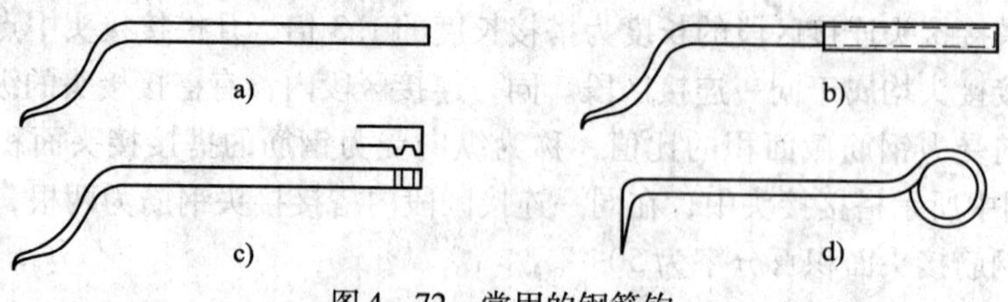

图 4—72　常用的钢筋钩

2）小撬棍。小撬棍的作用是调整钢筋间距，校直钢筋的部分弯曲以及用来放置保护层水泥垫块。如图 4—73 所示为带扳口的小撬棍。

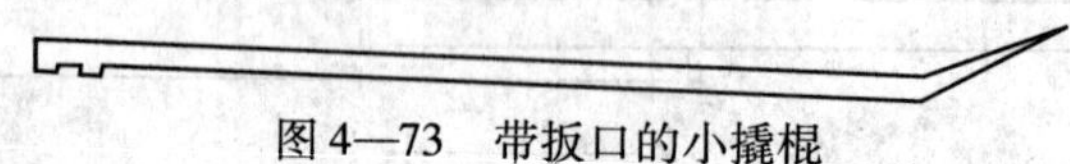

图 4—73　带扳口的小撬棍

3）绑扎架。当采用预先绑扎在现场安装的工艺时需要借助钢筋绑扎架。为便于钢筋骨架的绑扎，常采用直径为 20 mm 的钢筋焊制，如图 4—74、图 4—75 所示。

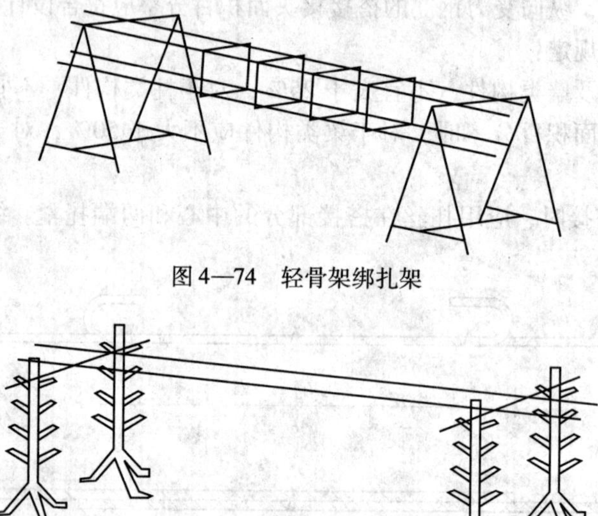

图 4—74　轻骨架绑扎架

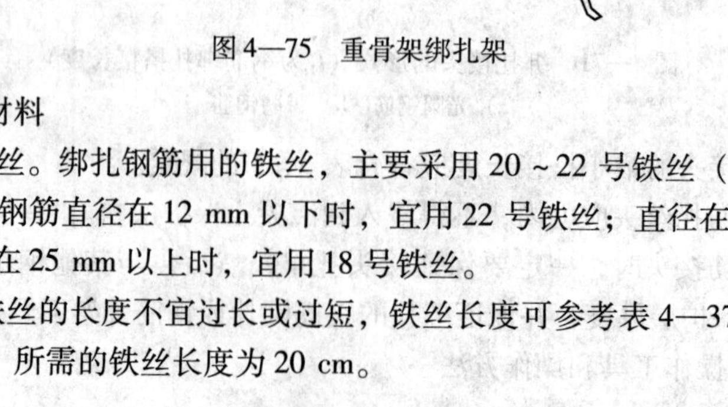

图 4—75　重骨架绑扎架

（2）绑扎辅助材料

1）绑扎用的铁丝。绑扎钢筋用的铁丝，主要采用 20 ~ 22 号铁丝（火烧丝）或镀锌铁丝（铅丝）。当绑扎钢筋直径在 12 mm 以下时，宜用 22 号铁丝；直径在 12 ~ 25 mm 时，宜用 20 号铁丝；直径在 25 mm 以上时，宜用 18 号铁丝。

钢筋绑扎所需铁丝的长度不宜过长或过短，铁丝长度可参考表 4—37。例如，绑扎两直径为 12 mm 的钢筋，所需的铁丝长度为 20 cm。

表 4—37　　　　钢筋绑扎铁丝所需长度　　　　cm

钢筋直径（mm）	3～4	5	6	8	10	12	14	16	18	20	22	25	28	32
3～4	11	12	12	13	14	15	16	18	19					
5		12	13	13	14	16	17	18	20	21				
6			13	14	15	16	18	19	21	23	25	27	30	32
8				15	17	17	18	20	22	25	26	28	30	32
10					18	19	20	22	24	25	26	28	31	34
12						20	22	23	25	26	27	29	31	34
14							23	24	25	27	28	30	32	35
16								25	26	28	30	31	33	36
18									27	30	31	33	35	37
20										31	32	34	36	38
22											34	35	37	39

2）垫块、塑料卡。为保证钢筋的位置正确，满足钢筋所需的混凝土保护层厚度，应事先准备好符合要求的垫块，以垫撑钢筋骨架。垫块宜用与结构强度相等的细石混凝土制成。

垫块的厚度应等于保护层厚度。垫块的平面尺寸：当保护层厚度等于或小于 20 mm 时为 30 mm×30 mm，大于 20 mm 时为 50 mm×50 mm。当在垂直方向使用垫块时，可在垫块中埋入 20 号铁丝。

为减少制作混凝土垫块的工程量，也可以采用塑料卡代替混凝土垫块，塑料卡的形状有两种：塑料垫块和塑料环圈，如图 4—76 所示。塑料垫块用于水平构件（如梁、板），在两个方向均有凹槽，以便适应两种保护层厚度。塑料环圈用于垂直构件（如柱、墙），使用时钢筋从卡嘴进入卡腔。由于塑料环圈有弹性，卡腔的大小能适应钢筋直径的变化。

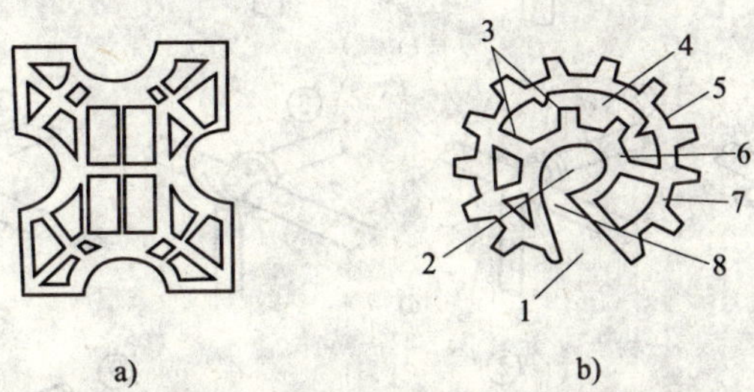

图 4—76　控制混凝土保护层厚度用的塑料卡

a）塑料垫块　b）塑料环圈

1—卡嘴　2—卡腔　3—环栅　4—环孔　5—环壁

6—内环　7—外环　8—卡喉

（3）绑扎操作方法。钢筋绑扎就是借助钢筋钩用铁丝扎成绑扎扣，把各种单根钢筋绑扎成整体骨架或网架。钢筋绑扎操作方法应根据绑扎构件的类型来选择。

1）一面顺扣绑扎法。这种方法是目前最常用的一种方法，其操作如图 4—77 所示。绑扎前，先将被整齐切断的绑扎铁丝在中间弯折 180°并整理好。在绑扎时，左手拿铁丝靠近钢筋绑扎点的底部，右手拿钢筋钩，食指压住钩前部，钩尖端钩着铁丝底扣处，并紧靠铁丝开口端，绕铁丝拧紧一周半。

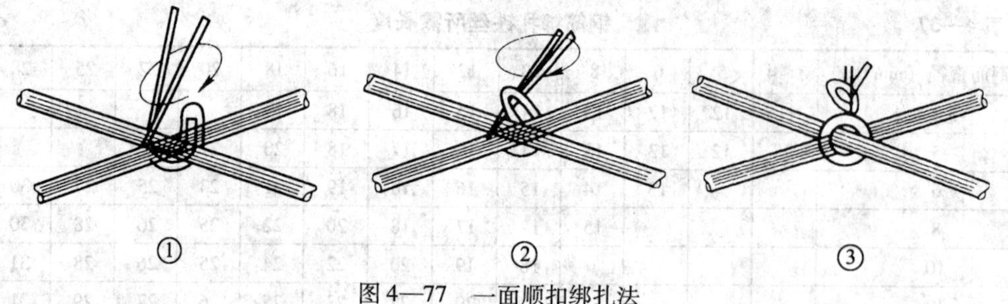

图 4—77　一面顺扣绑扎法

一面顺扣绑扎法操作简单方便、绑扎效率高、通用性强、绑扎牢固，适用于钢筋网、架各个部位的绑扎。

2）其他绑扎法。钢筋绑扎除了一面顺扣绑扎法外，还有十字花扣、兜扣、缠扣、兜扣加缠扣、套扣绑扎法等，如图 4—78 所示。

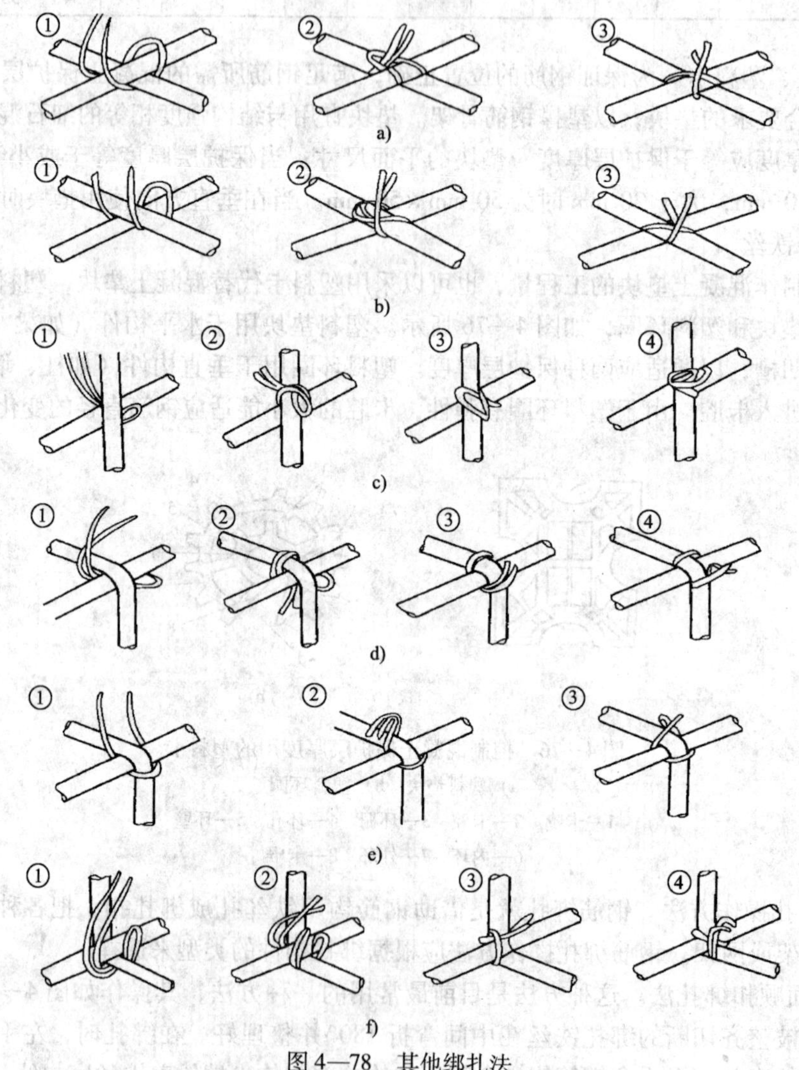

图 4—78　其他绑扎法

a）兜扣　b）十字花扣　c）缠扣

d）反十字花扣　e）套扣　f）兜扣加缠扣

二、常用构件的绑扎操作

1．梁钢筋绑扎

（1）绑扎步骤。现以图 4—79 中的简支梁为例来介绍模内绑扎钢筋的基本步骤。

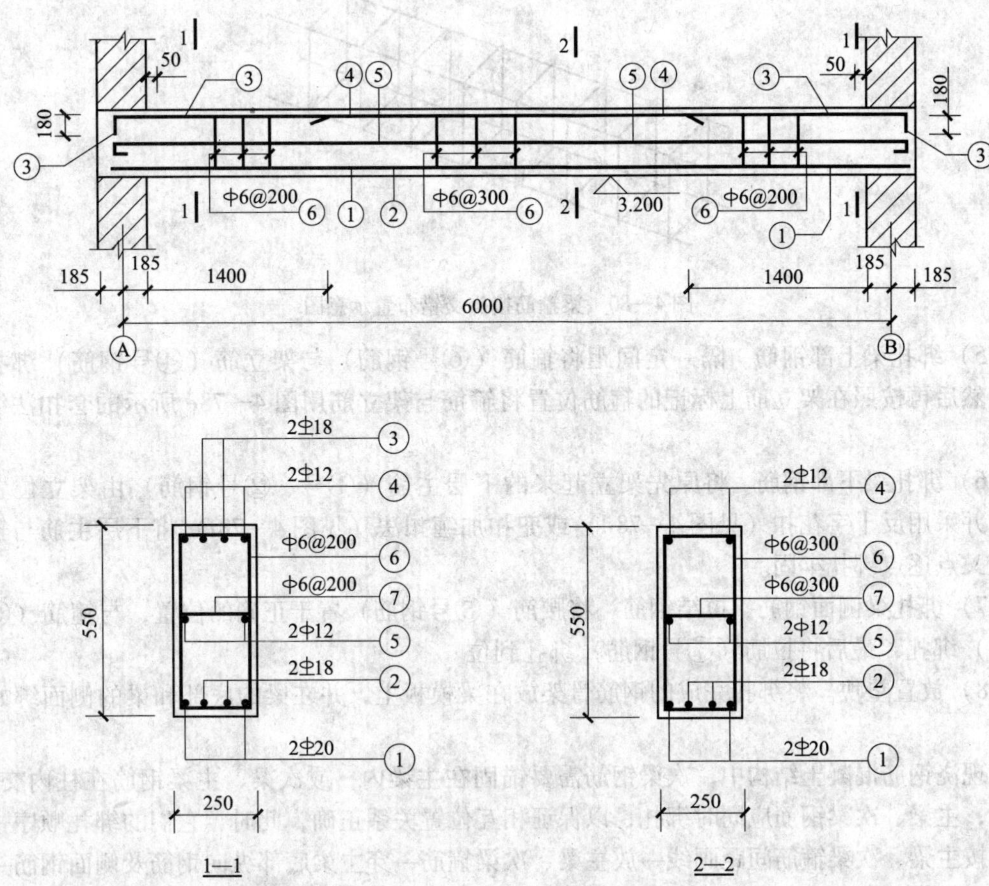

图 4—79　简支梁配筋图

①、②梁下部钢筋　③、④梁上部纵向钢筋　⑤梁侧面钢筋　⑥箍筋　⑦拉筋

根据前面的要求，已经根据配料单完成了各种编号钢筋的加工工作，准备好了绑扎工具及辅助材料，确定了钢筋扣的绑扎形式，因而就可以进行具体的绑扎工作了。

绑扎过程中，可以按以下步骤进行。

1）布置梁底部钢筋（主筋）。按照施工图的要求，支好底模板，在底模上先布置梁下部钢筋（①号、②号钢筋）和梁侧面钢筋（⑤号钢筋），并架立起来。

2）布置梁上部钢筋（架立筋）。布置梁上部纵向钢筋（③号、④号钢筋），并架立起来。

3）画箍筋位置线。根据施工图中箍筋间距，在架立筋上画好箍筋位置线。画线时注意，第一个箍筋的位置应距支座边缘 50 mm。箍筋的位置线也可以画在固定好的模板上。

4）穿套箍筋。依次将全部箍筋（⑥号钢筋）套入。穿套时注意，应将箍筋的弯钩叠合处错开，如图 4—80 所示。也可以在布置梁底部或梁上部纵向钢筋时，同时穿套箍筋，或先放箍筋，再穿梁纵向钢筋。

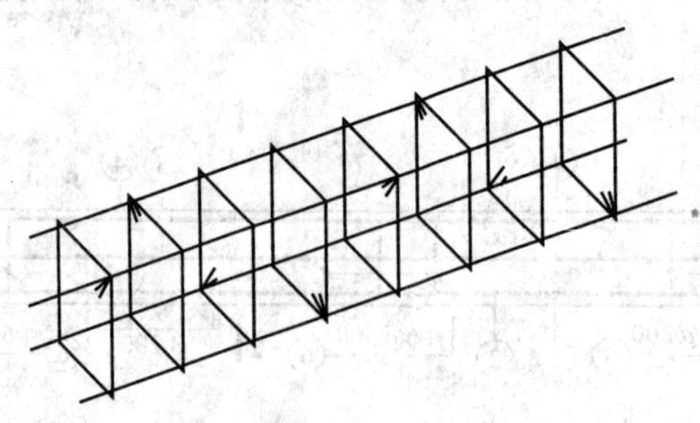

图 4—80　梁箍筋接头交错布置示意图

5）绑扎梁上部钢筋。隔一定间距将箍筋（⑥号钢筋）与架立筋（④号钢筋）绑扎牢固，然后再按照在架立筋上标记的箍筋位置将箍筋与架立筋用图 4—78e 所示的套扣法绑扎牢。

6）绑扎梁下部钢筋。将原先架立起来的下层主筋（①号、②号钢筋）由架立位置放下，并采用反十字花扣（见图 4—78d）或兜扣加缠扣法（见图 4—78f）将下层主筋与箍筋的交叉点逐点绑扎牢固。

7）绑扎梁侧面钢筋、拉结钢筋。将腰筋（⑤号钢筋）置于正确的位置，与箍筋（⑥号钢筋）绑扎，最后将拉筋（⑦号钢筋）绑扎到位。

8）放置垫块。将绑扎完成的钢筋骨架放在梁模板上，并在梁的底部和梁的侧面绑好垫块。

现浇钢筋混凝土结构中，次梁钢筋需要锚固在主梁内，或次梁、主梁钢筋在柱内交叉，因此，主梁、次梁钢筋应同时绑扎，以保证相互位置关系正确，此时，它们的绑扎顺序一般为：按主梁、次梁箍筋间距画线→放主梁、次梁箍筋→穿主梁底部纵向钢筋及侧面钢筋→穿次梁底部纵向钢筋并与箍筋固定→穿主梁上部纵向钢筋→按箍筋间距绑扎→穿次梁上部纵向钢筋→按箍筋间距绑扎→安放垫块。

主梁、次梁钢筋穿套的先后顺序及其与箍筋的绑扎顺序应遵循的基本原则：

①保证次梁纵向钢筋布置在主梁纵向钢筋的上面，或者按照施工图的要求，某一方向梁的纵向钢筋布置在另一方向梁的纵向钢筋上面。

②箍筋的间距应符合设计要求，保证节点范围内箍筋位置正确。

③先绑扎架立筋，再绑扎主筋，主梁、次梁钢筋绑扎应同时配合进行。

如图 4—81 所示，某结构的基础梁钢筋在垫层上已经绑扎完毕，从图中可以看出，基础主梁的下部布置了 3 根通长钢筋，主梁上部设有 2 根通长钢筋，主梁侧面共布置了 2 根钢筋和相应的拉结筋；次梁的上部纵筋放置在主梁纵筋上面，次梁纵筋在主梁内弯折锚固，梁的底部与垫层之间放置了垫块，之后就可以安装梁侧面模板，浇灌混凝土了。

模外绑扎是指先在梁模板上口将梁钢筋骨架绑扎成形后再置入模内。如图 4—82 所示，某楼面梁在模板上口已经绑扎完毕，后面的工序是将钢筋骨架落入模板内，并安放垫块，调整钢筋骨架在模板中的位置。

图 4—81　基础梁钢筋

图 4—82　楼面梁钢筋

模外绑扎的工艺顺序一般为：

在主梁、次梁模板上口铺横杆数根→在模板上按箍筋间距画线→摆放箍筋→穿主梁下部钢筋→穿次梁下部钢筋→穿主梁上部钢筋→按箍筋间距绑扎→穿次梁上部钢筋→按箍筋间距绑扎→抽出横杆，落骨架于模板内。

（2）梁绑扎中的注意事项

1）梁受力钢筋直径不小于 22 mm 时，宜采用焊接接头，直径小于 22 mm 时可采用绑扎接头。

2）梁纵筋接头位置不宜位于构件最大弯矩处，接头位置应相互错开。

3）梁端与柱交接处箍筋加密的间距与加密区长度应符合设计要求。绑扎搭接长度范围内，箍筋间距应按设计要求布置。

4）梁受力筋下应垫混凝土垫块或塑料卡，在钢筋骨架侧面也应绑上垫块或塑料卡，间距为1～1.5 m，以保证混凝土保护层厚度。

（3）梁节点处的绑扎。钢筋混凝土结构是由板、梁、柱等多种构件组成的，在构件的交叉处，各构件钢筋之间的位置关系应符合设计要求，对于肋形楼板结构，在板、次梁、主梁交叉处，板的钢筋在上，次梁钢筋居中，主梁钢筋在下，同一位置的钢筋应采取措施避免发生碰撞。

例如，如图4—83所示，在板、次梁、主梁钢筋的交叉处，它们的相对位置关系是板的面筋位于次梁架立筋上面，次梁架立筋位于主梁上部第一排纵筋的上面。因此，节点处次梁架立筋要维持常规的混凝土保护层厚度，主梁上部的混凝土保护层厚度就必须加厚，增加厚度为次梁钢筋的直径，主梁箍筋的高度也相应减小。

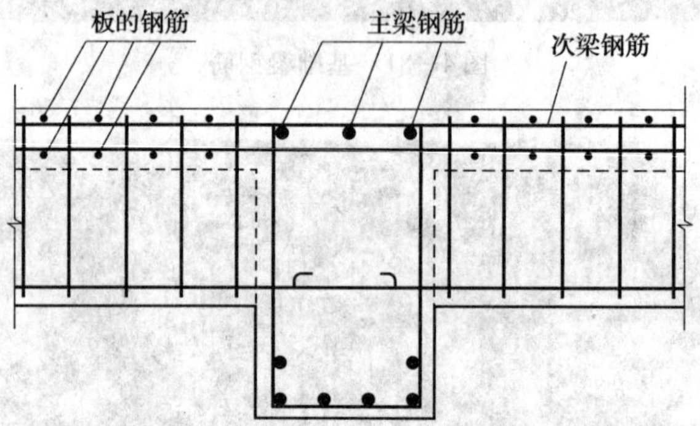

图4—83　主梁与次梁节点处钢筋

如图4—84所示为某楼面主梁、次梁、板节点处钢筋。从图中可以看出，板的面筋从梁架立筋上面通过，它与梁的箍筋位于同一钢筋层面，板的底筋在保证板下部混凝土保护层厚度的条件下穿过梁；在主梁、次梁的十字交接位置，次梁纵向钢筋位于主梁纵向钢筋上面。

图4—84　主梁、次梁、板节点处钢筋

当纵横两个方向的梁截面等高时，应按照施工图要求，将某一方向梁的纵向钢筋放在另一个方向梁的下面。

框架结构中，在梁柱节点处，柱箍筋应连续布置，梁的箍筋从柱边缘 50 mm 处开始布置，如图 4—85 所示，梁纵向钢筋应穿过柱或在柱内锚固，因此，梁纵向钢筋穿、绑与柱节点处箍筋穿、绑应配合进行。

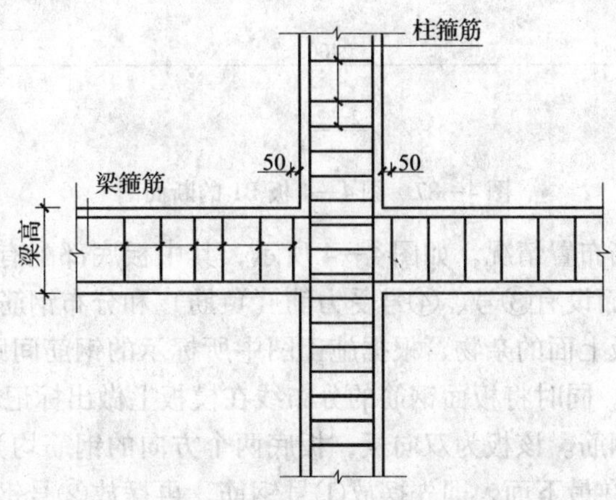

图 4—85　现浇框架梁柱节点处

如图 4—86 所示为某框架结构已经绑扎完成的梁柱节点，从图中可以看出，节点处次梁纵向钢筋位于主梁纵筋上面，梁纵筋下绑扎了柱箍筋。

图 4—86　框架梁柱节点

2. 板钢筋绑扎

（1）绑扎步骤。现以图 4—4 的板 B1 为例，说明板钢筋绑扎过程，如 4—87 所示。

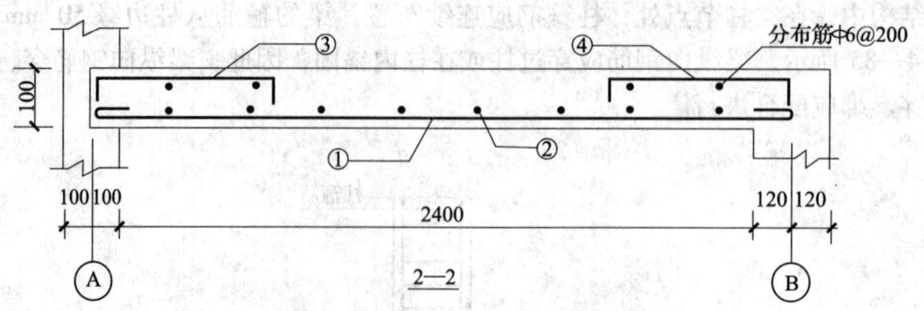

图 4—87　图 4—4 板 B1 的断面图

1）看图，弄清钢筋布置情况。如图 4—4 所示，其中板底部配有两个方向的受力钢筋，即①号、②号钢筋，板面设有③号、④号受力筋（负筋）和分布钢筋，沿板周边布置。

2）画线。清理模板上面的杂物，根据施工图中所标示的钢筋间距，在模板上画出两个方向的板底钢筋分布线。同时将板面钢筋的分布线在模板上做出标记。

3）摆放底部受力钢筋。该板为双向板，板底两个方向的钢筋均为受力钢筋，因此摆放时，应将短向的钢筋放在最下面，即先摆放①号钢筋，再摆放②号钢筋。预埋件、电线管、预留孔等应及时配合安装。

4）绑扎底部钢筋。绑扎板钢筋时一般采用一面顺扣绑扎法，对于双向板要求各交叉点均应绑扎，且绑扎时每个绑扎点的铅丝扣方向要求变换 90°，如图 4—88 所示。这样绑扎的钢筋网整体性好，不易发生歪斜变形。另外绑扎时应注意保持主筋两端的弯钩朝上。

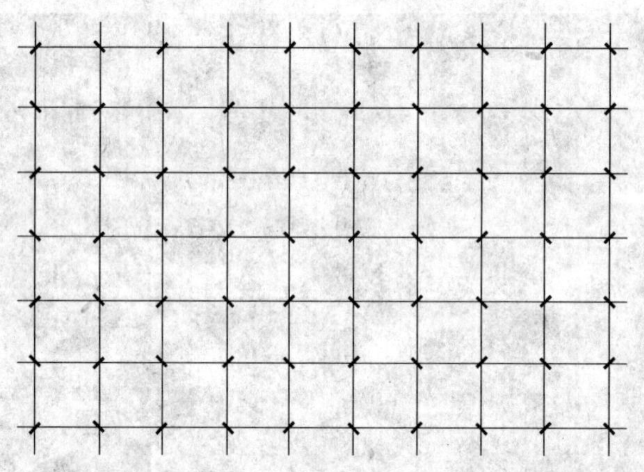

图 4—88　钢筋网一面顺扣绑扎法

5）摆放、绑扎板上部钢筋。按照施工图中的间距要求将板面钢筋③号、④号钢筋和相应的分布钢筋摆放好，然后绑扎成钢筋网。摆放时，③号、④号钢筋布在上面，分布钢筋放在其下；绑扎时，保证钢筋弯钩朝下。绑扎时，每个交叉点均应牢固绑扎。

6）绑扎完成后，在底模上安放预先准备好的砂浆垫块，以保证板底部混凝土保护层厚度。

（2）板钢筋绑扎中应注意的问题。绑扎板钢筋时一般采用一面顺扣法或十字花扣法

（见图 4—77、图 4—78）。除板外围两根筋的相交点应全部绑扎外，其余各点可相隔交错绑扎。如果为双向板，则相交点需全部绑扎。负弯矩钢筋每个相交点均要绑扎。如果板为双层钢筋，两层钢筋网之间需架钢筋马凳或混凝土撑脚，以保证上部钢筋网的位置。

钢筋网下面垫置砂浆垫块，垫块的间距约 1.5 m，垫块的厚度等于保护层厚度，保护层厚度应满足设计要求，如果无设计要求，板的保护层厚度应为：当采用 C20 混凝土时，取 20 mm；当混凝土的强度等级大于 C20 时，取 15 mm。

如图 4—89 所示，板负筋在转角处能相互组成钢筋网，因而它们的分布筋在转角处应剪断，分布筋的剪断处应保证分布筋与另一方向负筋的搭接长度。

图 4—89　板负筋转角处构造

3. 柱钢筋绑扎

（1）绑扎步骤。现以楼层的柱为例，介绍柱钢筋骨架搭接绑扎的操作步骤：

1）剔凿柱混凝土表面的浮浆。为保证上层柱混凝土与下层柱混凝土之间的黏结，应将下层柱混凝土表面浮浆剔凿并清理干净。

2）修理柱钢筋。将下层柱伸出的搭接钢筋扶正、清理干净。

3）套柱箍筋。根据施工图要求的钢筋间距，计算每根柱箍筋的数量，并按设计要求加工完成，然后将箍筋套在下层柱伸出的搭接钢筋上。

4）立柱的主筋（竖向钢筋）。将已加工好的柱主筋立起来，与下层伸出的搭接钢筋进行搭接，在搭接长度内，绑扣不少于 3 个，绑扣要朝向柱中心。如果柱子主筋采用光圆钢筋搭接时，转角部位钢筋的弯钩应与模板成 45°，柱中间部位钢筋的弯钩应与模板成 90°。

5）绑扎搭接竖向钢筋。柱子主筋立起来后，将上下主筋搭接绑扎。其搭接长度和接头面积百分率应符合设计要求。

6）画箍筋位置线。在立好的柱子竖向钢筋上，按施工图要求画出钢筋间距线。

7）柱箍筋绑扎。按照已画好的箍筋位置线，将已套好的箍筋往上移动，由上往下绑扎，绑扎时宜采用缠扣绑扎法（见图 4—78c）。

8）置放垫块。为保证柱主筋保护层厚度准确，应将带有铁丝的垫块绑在柱竖筋外皮上，间距一般为 1 000 mm，或用塑料卡卡在外竖筋上。

（2）柱绑扎中注意的问题。柱箍筋绑扎时，应注意：

1）箍筋与主筋要垂直，箍筋转角处与主筋交点均要绑扎，主筋与箍筋非转角部分的相交点作梅花交错绑扎。

2）箍筋的弯钩叠合处应沿柱竖筋交错布置，并绑扎牢固，如图 4—90 所示。

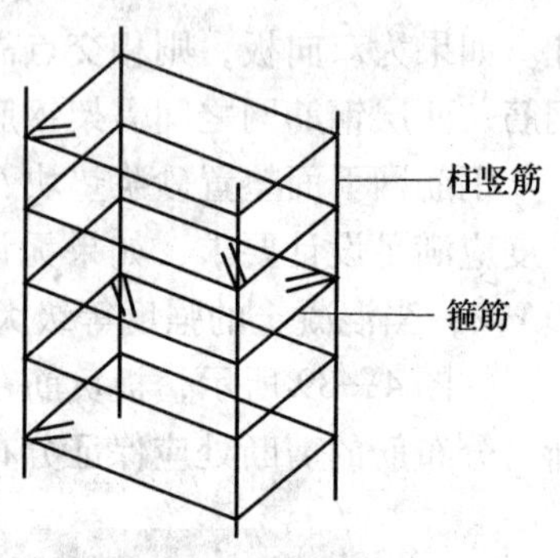

图 4—90　柱箍筋交错布置示意图

3）有抗震要求的地区，柱箍筋端头应弯成 135°，平直部分的长度应不小于 $10d$（d 为箍筋的直径）且不小于 75 mm。

4）柱基、柱顶、梁柱交接处箍筋间距应按设计要求加密，搭接长度范围内箍筋间距应按设计要求加密。如果设计要求箍筋设拉筋时，拉筋应勾住箍筋，如图 4—91 所示。

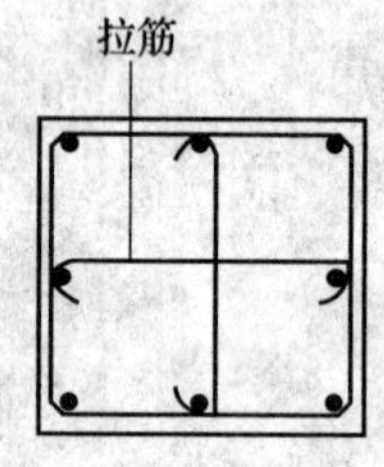

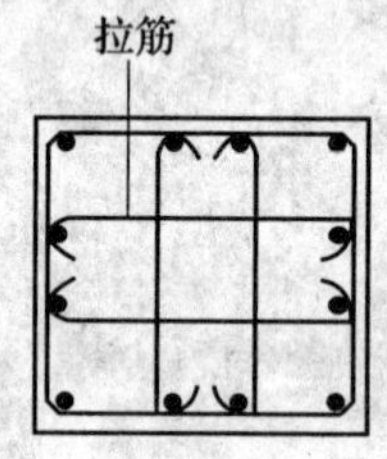

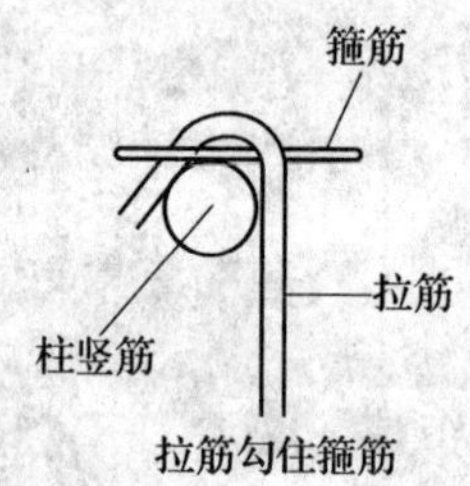

图 4—91　拉筋布置示意图

4．墙钢筋绑扎

（1）立 2 ~ 4 根主筋。先立 2 ~ 4 根竖向钢筋，以便定位，并将其与下层伸出的搭接钢筋绑扎。

（2）画水平筋位置线。根据设计要求的水平钢筋间距，在立筋上画出水平钢筋的分挡位置线。

（3）绑定位横向钢筋，画纵筋位置线。在下部及齐胸处绑两根横向定位钢筋，并在横筋上画出竖向钢筋的分挡位置线。

（4）绑其余竖向钢筋。按照横筋上标示的竖筋位置线，绑其余的竖向钢筋。竖向钢筋与下层伸出的搭接钢筋在搭接范围内需绑扎 3 根水平钢筋，搭接长度及搭接位置应符合设计要求。

（5）绑其余横向钢筋。按照立筋上标出的水平钢筋的分挡位置线，绑扎其余的横向钢筋。横向钢筋在竖向钢筋的里面或外面应符合设计要求。

剪力墙钢筋应逐点绑扎，双排钢筋之间应绑拉筋或支撑筋，拉筋的纵横向间距不大于 600 mm。

（6）绑扎垫块。在钢筋外皮绑扎垫块或用塑料卡卡在钢筋上，以保证钢筋的混凝土保护层厚度。

（7）合模后的钢筋修整。合模后对伸出的竖向钢筋进行修整，并宜在搭接处绑一根横向定位钢筋，浇注混凝土时应有专人看管，浇注后再次调整以保证钢筋的位置准确。

三、钢筋网、钢筋骨架的制作与安装

1. 钢筋网的制作与安装

钢筋网分为焊接钢筋网和绑扎钢筋网。焊接钢筋网多在车间加工，也可以在加工场地进行现场加工；绑扎钢筋网大多在现场制作而成。钢筋网加工制作完成后，即可进行安装。

钢筋网的分块应根据结构配筋的特点和起重运输能力而定，一般钢筋网的分块面积以 6 ~ 20 m^2 为宜。

下面以图 4—92、图 4—93 为例介绍钢筋网片的制作与安装过程。

图 4—92　钢筋网片断面图

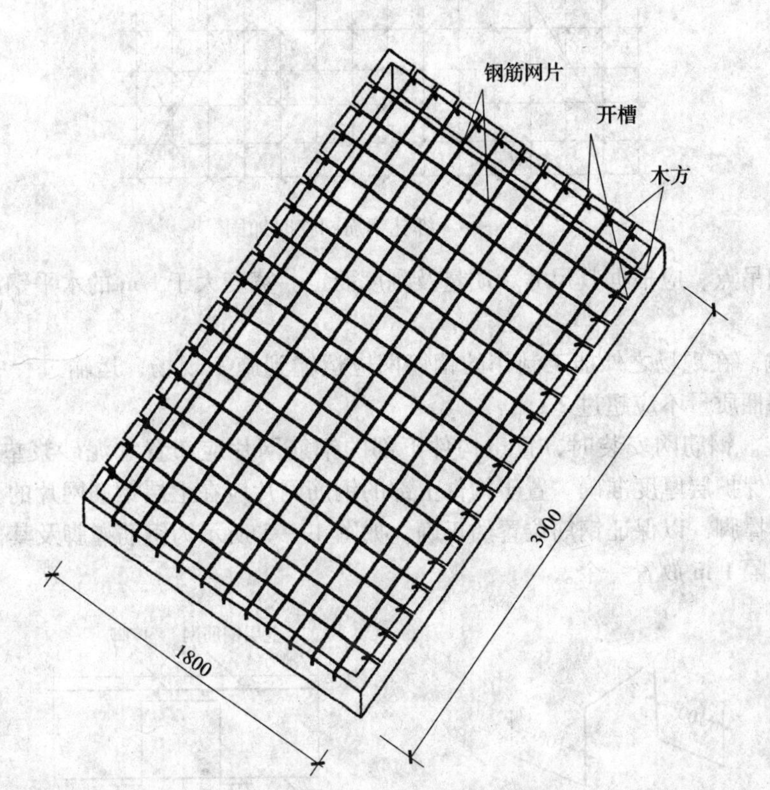

图 4—93　钢筋网片绑扎示意图

（1）制作模具。根据现场情况选料制作，一般多用木方制作。根据设计要求的钢筋纵横间距在木方上开槽。

（2）摆放钢筋。钢筋网片如果布置在构件的下部并且钢筋端头有弯钩时，弯钩应朝上，如图 4—92 所示。如果钢筋网片需要布置在构件的上部并且钢筋端头有弯钩时，弯钩应朝下。

（3）绑扎。当钢筋网为单向受力的钢筋构件时，外围两行钢筋交叉点应每点绑扎，中间部分交叉点可作梅花点绑扎，但必须保证受力钢筋无位移。当钢筋网为双向受力的钢筋网时，则需将全部钢筋相交点扎牢。绑扎时应注意相邻绑扎点的铁丝扣要成八字形，以免网片歪斜变形。为了防止松扣，可适当加一些十字花扣或缠扣。

（4）设斜向支撑、吊点。为防止绑好的钢筋网在堆放、搬运、起吊和安装过程中发生歪斜变形，应采取临时加固措施，如图 4—94 所示，可用钢筋斜向拉结临时固定，钢筋网安装固定后再拆除拉筋。

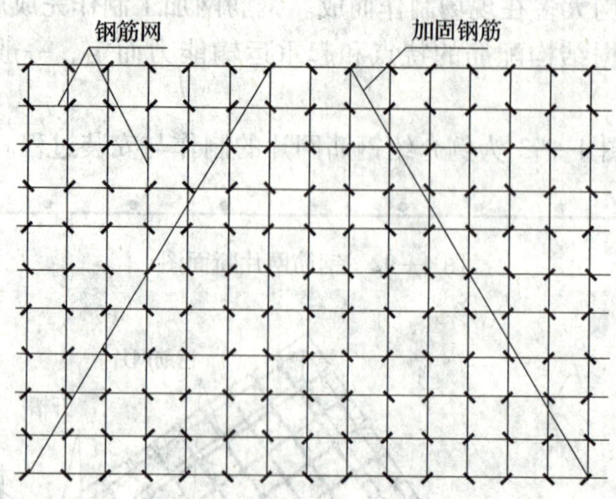

图 4—94　绑扎钢筋网临时加固

钢筋网的吊点，应根据其尺寸、质量及刚度而定。宽度大于 1 m 的水平钢筋网宜采用四点起吊。

（5）运输。在现场之外加工制作的钢筋网应运输到施工现场，运输过程中，应捆扎整齐、牢固，每捆质量不应超过 2 t。

（6）安装。钢筋网安装时，置于构件下部的钢筋网片应布置水泥砂浆垫块或塑料卡，以保证混凝土保护层厚度准确。置于构件上部的钢筋网片应在上层钢筋网片的下面设置钢筋撑脚或混凝土撑脚，以保证钢筋位置的正确。如图 4—95 所示为钢筋撑脚及其位置。钢筋撑脚的布置宜每隔 1 m 放置一个。

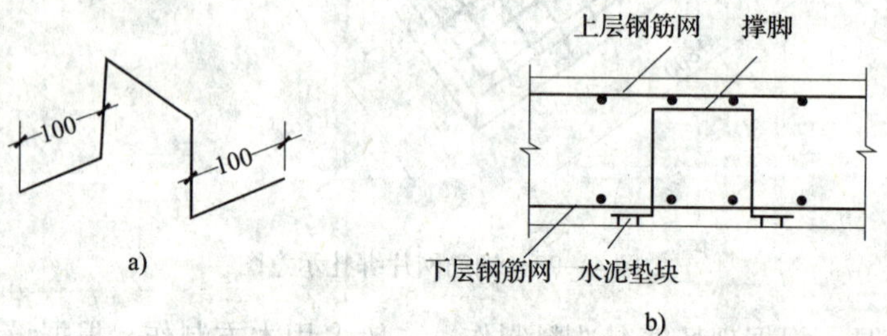

图 4—95　钢筋撑脚及其位置

a）钢筋撑脚　b）撑脚位置

2. 钢筋骨架的绑扎与安装

为了加快施工进度，对于形状比较规整、型号相同且同型号构件数量较多的构件，如梁、柱、桩、杆件等预制构件或现浇构件，可以采用先加工制作钢筋骨架、后安装的施工方法。

如图 4—96 所示的圈梁钢筋骨架，如果采用先预制后安装的施工方法，则可以按下列步骤进行：

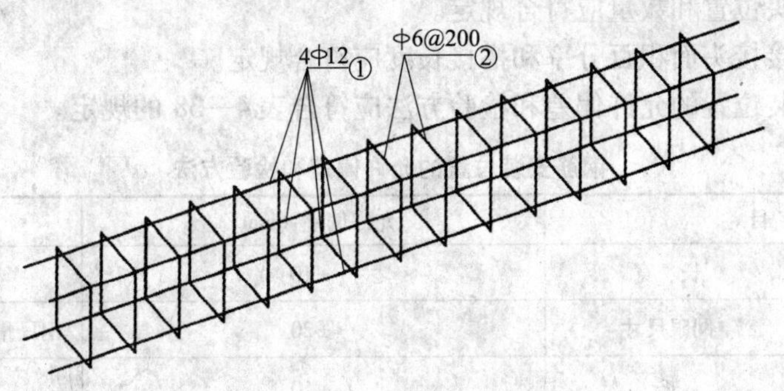

图 4—96　圈梁钢筋骨架

（1）选用绑扎架。考虑到运输、吊装的方便，圈梁宜分段制作，再到现场搭接。分段长度应根据实际情况而定，一般不宜超过 6 m。

根据骨架的质量可选用如图 4—74、图 4—75 所示的绑扎架。

（2）绑扎骨架。首先将上部的两根①号钢筋搁在两个绑扎架的横梁上，并在①号钢筋上画出箍筋的位置线；然后套入②号箍筋，按照箍筋的位置线将箍筋与①号钢筋绑扎；之后将下部的两根钢筋穿入箍筋内，并将其与箍筋绑扎牢固，绑扎时应保持箍筋与纵向钢筋垂直。

（3）运输、吊装。钢筋骨架在运输时，应保证骨架不变形。吊装时，跨度小于 6 m 的钢筋骨架宜采用两点起吊，跨度大、刚度差的钢筋骨架宜采用横吊梁（铁扁担）四点起吊，如图 4—97 所示。为了防止吊点处钢筋受力变形，可采用兜底吊或加短钢筋。

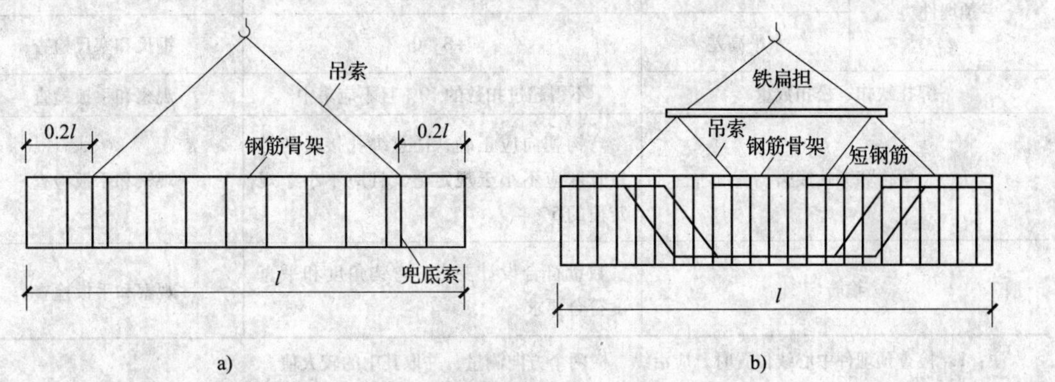

图 4—97　钢筋骨架的绑扎起吊

a）两点起吊　b）四点起吊

（4）安装。吊装就位时，应保持相邻段的搭接长度，调整就位后，可选用叠接法和扣接法绑扎起来形成连续整体骨架。

四、钢筋安装的质量要求

钢筋安装完成后，应进行相应的验收工作，其质量应符合施工质量验收规范的规定。

（1）纵向受力钢筋的连接方式应符合设计要求。

（2）受力钢筋的品种、级别、规格和数量对结构件的受力性能有重要影响，必须符合设计要求。

（3）绑扎接头位置和数量应符合规定。

（4）绑扎搭接接头面积百分率和搭接长度应符合规定。

（5）钢筋安装位置的允许偏差和检验方法应符合表4—38的规定。

表4—38　　钢筋安装位置的允许偏差和检验方法

项　目		允许偏差（mm）	检验方法
绑扎钢筋网	长、宽	±10	钢尺检查
	网眼尺寸	±20	钢尺量连续三挡，取最大值
绑扎钢筋骨架	长	±10	钢尺检查
	宽、高	±5	钢尺检查
受力钢筋	间距	±10	钢尺量两端、中间各一点，取最大值
	排距	±5	
受力钢筋保护层厚度	基础	±10	钢尺检查
	柱、梁	±5	钢尺检查
	板、墙、壳	±3	钢尺检查
绑扎箍筋和横向钢筋间距		±20	钢尺量连续三挡，取最大值
钢筋弯起点位置		20	钢尺检查
预埋件	中心线位置	5	钢尺检查
	水平高差	+3，0	钢尺和塞尺检查
绑扎缺扣、松扣数量		不得超过扣数的10%且不应集中	观察和手扳检查
弯钩和绑扎接头		弯钩朝向应正确、任意绑扎接头的搭接长度应不小于规定值，且应不小于规定值的5%	观察和手扳检查
箍筋		数量符合设计要求，弯钩角度和平直度符合要求	观察和手扳检查

注：1. 检查预埋件中心线位置时，应沿纵、横两个方向测量，并取其中的较大值。

2. 表中梁类、板类构件上部纵向受力钢筋保护层厚度的合格点率应达到90%及以上，且不得有超过表中数值1.5倍的尺寸偏差。

梁、板类构件上部纵向受力钢筋的位置对结构件的承载能力和抗裂性能等有重要影响。由于上部纵向受力钢筋移位而引发的事故通常较为严重，因此，为避免此类事故发生，对梁、板类构件，其上部纵向受力钢筋保护层厚度偏差的合格点率规定为90%及以上；对其他部位，表中所列保护层厚度的允许偏差合格点率要求仍为80%及以上。

五、成品保护与安全文明施工要求

1. 成品保护

（1）柱钢筋绑扎后，不准踩踏。

（2）楼板的弯起钢筋、负弯矩钢筋绑扎好后，不准在上面踩踏、行走。浇注混凝土时派钢筋工负责修理，保证负筋位置正确。

（3）如果模板内涂隔离剂，不要污染钢筋。

（4）安装电线管、暖卫管线或其他设施时，不得任意切断和移动钢筋。

2. 安全文明施工要求

（1）加强对作业人员的安全意识教育，钢筋作业过程中应防止不必要的噪声产生，尽量减少施工噪声污染。

（2）多人合运钢筋时，起、落、转、停动作要一致，人工上下传送不得在同一垂直线上。钢筋堆放要分散、稳当，防止倾倒和塌落。

（3）钢筋吊运时应选好吊点，捆扎结实，防止坠落。

（4）在高空、深坑绑扎钢筋和安装骨架，需搭设脚手架（马道）。

（5）绑扎高层建筑的圈梁、挑檐、外墙、边柱等钢筋时，应搭设操作台架和外挂安全网。悬空大梁钢筋的绑扎，必须在满铺脚手板的支架或操作平台上操作。

（6）绑扎立柱、墙体钢筋时，不得站在钢筋骨架上或攀登骨架上下。柱筋在3 m左右，或3 m以下且质量不大，可在地面或楼面上绑扎，整体竖起；柱筋在4 m以上或虽 不足4 m，但质量较大或钢筋骨架整体竖立起来较困难时，应搭设工作台进行绑扎操作。柱梁骨架竖立起来后，应用临时支撑拉牢，以防倾倒。

（7）起吊钢筋骨架时，下方禁止站人，必须待骨架降落到离地1 m以内才准靠近，就位支撑好后方可摘钩。

（8）脚手架上不要随意放置工具、箍筋或短钢筋，避免放置不稳，工具、钢筋滑下伤人。

（9）废旧钢筋头应及时收集清理，保持工完场清。

练习与实训

一、练习题

1. 判断题（正确的画“√”，错误的画“×”）

（1）受力钢筋的接头位置不宜位于最大弯矩处，并应相互错开。（　　）

（2）对于柱来说，受力钢筋的绑扎接头面积百分率不宜大于100%。（　　）

（3）如图4—98所示，钢筋绑扎搭接接头不在同一连接区段内。（　　）

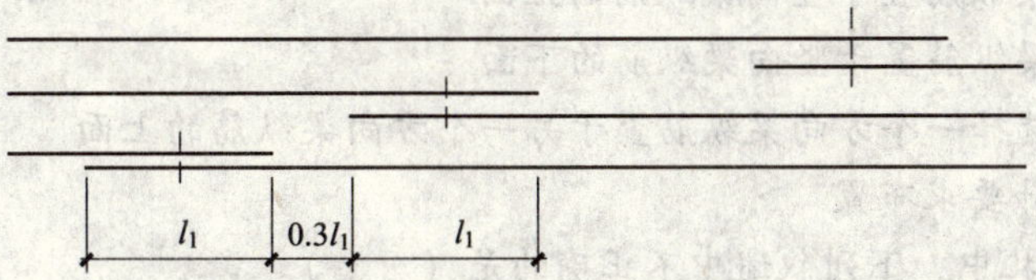

图4—98　绑扎接头

（4）绑扎钢筋一般采用20～22号铁丝作为绑丝。（　　）

（5）钢筋绑扎最常用的绑扎方法是一面顺扣法。（　　）

（6）现浇楼板负弯矩钢筋的相交点应相隔交错绑扎。（　　）

(7) 柱箍筋弯钩叠合处应沿柱纵筋交错布置。 ( )

(8) 砂浆垫块的厚度应略大于保护层厚度。 ( )

(9) 某板为双层钢筋网，上下层钢筋网之间应设置钢筋撑脚，撑脚的高度随意确定即可。 ( )

(10) 钢筋骨架长度的允许偏差为 ±20 mm。 ( )

2. 选择题（将正确答案的代号写在括号内）

(1) 在板、次梁、主梁钢筋节点处，其钢筋的上下位置关系是（ ）。

A. 板在下，次梁居中，主梁在上

B. 板在中，次梁在上，主梁在下

C. 板在上，次梁居中，主梁在下

D. 任意位置

(2) 某柱设计要求箍筋设拉筋，绑扎时该拉筋应（ ）。

A. 勾住箍筋　　B. 勾住柱纵筋

C. 勾住柱纵筋和箍筋　　D. 顶住柱纵筋

(3) 为了保证主筋保护层厚度准确，应将带有铁丝的砂浆垫块绑在（ ）。

A. 主筋外侧　　B. 主筋内侧

C. 主筋与箍筋之间　　D. 箍筋外侧

(4) 某现浇单向板绑扎板底部钢筋网，摆放时应（ ）。

A. 短向钢筋在下面，长向钢筋在上面

B. 短向钢筋在上面，长向钢筋在下面

C. 受力钢筋在下面，分布钢筋在上面

D. 受力钢筋在上面，分布钢筋在下面

(5) 绑扎板的钢筋网时，钢筋弯钩的方向是（ ）。

A. 板底部钢筋，弯钩朝上；板上部钢筋，弯钩朝上

B. 板底部钢筋，弯钩朝上；板上部钢筋，弯钩朝下

C. 板底部钢筋，弯钩朝下；板上部钢筋，弯钩朝下

D. 任意方向

(6) 对于肋形楼板，如果纵横两个方向梁截面尺寸相同（或截面等高），则两个方向梁纵筋的上下位置关系是（ ）。

A. 横向梁纵筋置于竖向梁纵筋的上面

B. 横向梁纵筋置于竖向梁纵筋的下面

C. 任意选择一个方向梁纵筋置于另一个方向梁纵筋的上面

D. 按设计要求布置

(7) 柱钢筋绑扎中，下列叙述中不正确的是（ ）。

A. 箍筋与纵筋应垂直

B. 箍筋与纵筋交点处呈梅花式交错绑扎

C. 梁柱交接处，箍筋间距应按要求加密

D. 纵筋搭接长度范围内，箍筋间距应按规定加密

(8) 梁钢筋绑扎中，下列叙述中不正确的是（ ）。

A. 梁受力钢筋直径≤22 mm 时，可采用绑扎搭接接头

B. 梁上部纵向钢筋接头位置应位于跨中 1/3 范围内

C. 梁纵向钢筋接头位置应相互错开

D. 梁的箍筋应加密

(9) 钢筋安装质量验收中，其中受力钢筋的品种、级别、规格和数量按照设计要求（　　）。

A. 允许 10% 的偏差　　B. 允许 5% 的偏差

C. 允许有偏差，偏差应符合规定　　D. 必须符合

(10) 绑扎的钢筋网或钢筋骨架不应有变形或松脱现象，（　　）。

A. 绑扎缺扣、松扣的数量不得超过扣数的 10%

B. 绑扎缺扣、松扣的数量不得超过扣数的 10% 且不应集中

C. 梅花式点绑扎

D. 周边全数绑扎，中间梅花式点绑扎

二、实训与指导

实训一：使用绑扎工具训练。

(1) 训练内容。准备一批钢筋短材、铅丝，练习使用钢筋钩绑扎如图 4—77、图 4—78 所示的钢筋扣。

(2) 训练目的。能熟练使用钢筋钩进行绑扎操作。

实训二：梁钢筋绑扎训练。

(1) 训练内容。对图 4—79 所示的已加工下料的梁钢筋进行绑扎操作。

(2) 训练目的。熟悉梁钢筋的绑扎过程，弄清绑扎操作的要点。

实训三：板钢筋绑扎训练。

(1) 训练内容。对图 4—4 所示的已加工下料的板钢筋进行绑扎操作。

(2) 训练目的。熟悉板钢筋的绑扎过程，弄清绑扎操作的要点。

练习参考答案

第二单元　钢筋工程材料

模块一

一、填空题

1. 受力钢筋　构造钢筋
2. 受拉钢筋　受压钢筋　弯起钢筋
3. 分布钢筋　箍筋　腰筋　拉筋
4. 光圆钢筋　带肋钢筋　钢丝　钢绞线
5. 普通热轧钢筋　冷拉钢筋　冷轧带肋钢筋　预应力混凝土用钢棒
6. 光圆钢棒　螺旋槽钢棒　螺旋肋钢棒　带肋钢棒

二、选择题

1. C　2. C　3. A　4. C　5. D　6. C　7. A　8. A　9. C

三、判断题

1. √　2. √　3. ×　4. √　5. √　6. √　7. √　8. ×　9. √　10. √

第三单元　配筋的构造要求

模块一

一、填空题

1. 压
2. 纵向受力钢筋　弯起钢筋　架立钢筋　箍筋
3. 受力钢筋　分布钢筋或架立钢筋
4. 纵向受力钢筋　箍筋

二、选择题

1. A　2. C　3. A　4. D

三、判断题

1. √　2. √　3. √

模块二

一、填空题

1. 纵向受力钢筋　构件
2. 绑扎　焊接　机械连接
3. 错开
4. 2.5　3

二、选择题

1. C　2. A　3. A　4. A　5. A　6. C　7. A　8. B　9. A　10. C　11. D　12. B　13. C　14. D　15. B

第四单元　钢筋加工过程

模块一

1. 填空题

（1）2.5　（2）$30d$　（3）90°　135°　（4）里皮　（5）$2.29d$　（6）10　（7）$0.11d$　（8）4　（9）$2a+2b+25.1d$　（10）1∶5　1∶10　（11）11　（12）1.155　（13）5　（14）$n=(l-2c)/s+1$　（15）30°　45°　60°

2. 判断题

（1）√　（2）√　（3）√　（4）×　（5）√　（6）×　（7）√　（8）×　（9）×　（10）√　（11）×　（12）×　（13）×　（14）√　（15）√　（16）×　（17）×　（18）√

模块二

1. 判断题

（1）√　（2）×　（3）×　（4）√　（5）√　（6）√　（7）√　（8）×　（9）×　（10）×

2. 选择题

（1）B　（2）A　（3）A　（4）A　（5）B　（6）A　（7）B　（8）B　（9）D　（10）D

模块三

1. 判断题

（1）×　（2）√　（3）√　（4）√　（5）√　（6）×　（7）×　（8）√　（9）×　（10）√　（11）×　（12）√　（13）√　（14）×　（15）√

2. 选择题

（1）C　（2）C　（3）D　（4）A　（5）A　（6）C　（7）D　（8）D　（9）A　（10）D　（11）C　（12）D

模块四

1. 判断题

（1）√　（2）×　（3）√　（4）√　（5）√　（6）×　（7）√　（8）×　（9）×　（10）×

2. 选择题

（1）C　（2）C　（3）A　（4）C　（5）B　（6）D　（7）B　（8）D　（9）D　（10）B

参 考 文 献

［1］《建筑施工手册》（第四版）编写组. 建筑施工手册［M］. 4版. 北京：中国建筑工业出版社，2003.

［2］建设部人事教育司. 钢筋工［M］. 北京：中国建筑工业出版社，2003.